脳のしくみとユーザー体験

認知科学者が教える
デザインの成功法則

ジョン・ウェイレン　高崎拓哉 訳

BNN
BugNewsNetwork

推薦のコメント

「本書を通じて、ジョンは長年の調査と実践の成果をわかりやすく、実践的で楽しい、遊び心のある読み物に変えた。あなたのチーム内での役割がなんであれ、シックス・マインドの枠組みと発見のテクニックは、顧客に関する重要なインサイトを明らかにし、商品を成功に導くきっかけになるだろう」

—— **ヘザー・ウィンクル**
キャピタル・ワン社デザイン部門統括副部長

「本書は、まるでジョンが目の前で語ってくれているかのように、明確で、入り込みやすく、常に率直だ。ユーザーリサーチの初心者、またデザインにおける体験の役割をさらに深く理解したい顧客体験の担当者にとっては最高の本だろう。UXのベテランにとっても、シックス・マインドの枠組みは斬新かつ便利で、重要な考え方がまとまっており、考え方を刷新するきっかけになる。優れた実例と、具体的で実践的なアドバイスが満載の一冊だ」

—— **ローラ・コゾー・グアルノッタ**
グーグル社ユーザーエクスペリエンス・リサーチ部門長

「デザインの分野は猛スピードで変化しており、AIやMLをはじめとする新ツールが、キーボードとマウスで作り出されてきた従来のデザイン資産に取って代わろうとしている。そうしたツールにより、リサーチ手法は一つにまとまりつつあるが、顧客の商品の使い方ではなく、思考に大きく注目した本書は、今後デザイン手法を統一するにはどうすればいいかを理解する助けになるだろう」

—— **ジェイソン・ウィシャード**
キャピタル・ワン社デザイン・プラクティス・マネージメント
およびコンシューマー・バンク・デザイン部長

「ワールドクラスの顧客体験を求める声は日増しに高まっているが、ARやAIのような新しいテクノロジーが登場するなかで、顧客体験のルールは変わりつつある。しかし本書は、脳がそうしたテクノロジーを処理する過程を理解する道のりを示し、優れた顧客体験を提供するための科学的なロードマップを描き出す」

—— **ジェイソン・パパス**
イートン社イノベーション・デジタルトランスフォーメーション部長

ISBN 9781491985458

This Japanese edition is published by BNN,Inc.
1-20-6, Ebisu-minami, Shibuya-ku,
Tokyo 150-0022 JAPAN
www.bnn.co.jp

目次

Part I 体験の本当の正体

1. 体験のシックス・マインド

2. 視野と関心
一瞬の出来事に潜む無数の自動プロセス

3. 空間認識
現在地と移動方法の把握

4. 記憶
言語や映像のイメージへの変換

5. 言語
人それぞれの「意味」

6. 意思決定と問題解決
意識の登場

7. 感情

論理的な意思決定のライバル

Part II 顧客の秘密を明らかにするリサーチ手法

8. ユーザーリサーチ

コンテクスチュアル・インタビューのやり方

9. 視野

何を見ているか

10. 言語

ユーザーの言葉遣いを知る

11. 空間認識

ユーザーの移動に関する想定を知る

12. 記憶

ユーザーの想定とギャップの埋め方を掴む

13. 意思決定

ユーザーの残した手がかりを追う

14. 感情
ユーザーの隠れたリアルに目を向ける

Part III シックス・マインドのデザインへの応用

15. センスメイキング
ユーザーの分類

16. シックス・マインドの実践
魅力、向上、覚醒

17. すばやく、たくさん成功せよ

18. ここまでのまとめ

19. これからのシックス・マインド

はじめに
私がこの本を書いた理由

—

デザインを手がける心理学者

私が製品やサービスのデザインを手がけている心理学者だと自己紹介をすると、多くの人はこんな反応をする。「それってデザイナーの仕事なんじゃないですか？　まあ、きっと顧客の頭のなかを想像するのがうまいんでしょうね。私のことも今ここで分析してみてくださいよ」。

こんなふうにおもしろがる人たちは、人間の認知や感情に関する知識が、デジタル製品やサービスのデザインに活かせることを知らない。そういう人は珍しくない。サウスバイサウスウェスト（SXSW）でスピーチをしたときも、何人かの人から「すごくおもしろかったですよ。自分も開発前にこの話を知ってたらな」と言われた。

最高の体験をデザインする秘訣

まず、自分がこれまでに味わった本当に最高の体験を思い出してほしい。卒業や結婚、子どもの誕生のような人生の節目となる出来事を思い浮かべた人もいるだろう。お気に入りのバンドのライブや、ブロードウェイでの観劇、クラブで夢中で踊ったダンス、ビーチでの見事な日暮れ、大好きな映画の鑑賞など、特定の瞬間という人もいるかもしれない。

友人に話したくなる「輝かしい」あるいは「夢のような」体験だ。

しかし多くの人は、そうした体験が多くの感覚と認知プロセスが織り成すものだと気づいていない。好きな映画を思い浮かべたとき、ポップコーンのにおいがしなかっただろうか。舞台の中身自体はいまひとつでも、衣装や照明が斬新だったり、見た目がよくて動きも優雅な俳優がいたりしなかっただろうか。ノリのいいファンと一緒に踊りはしなかっただろうか。このように、「一つ」の優れた体験は、いくつもの要素が組み合わさってできている。

では、そうした優れた体験をもたらす製品やサービスはどうデザインすればいいのか。どんな感覚や感情、認知プロセスがその体験を構成しているのか。

どうすれば体験を構成要素へ分割できるのか。自分が正しいものを作っていることをどう確認すればいいのか。

この本は、人間の心理を理解して活用し、体験を構成要素に分け、最高の体験に必要な要素を導き出すためのものだ。今はそうした手法を始めるのに絶好の時期と言える。脳科学で新しい発見が成されるペースは着実に上がっているし、心理学や神経科学、行動経済学、人とコンピュータの交流といった分野は飛躍的に進歩していて、脳の個別の機能や、人間が情報を処理して体験を知覚する仕組みについても新しいことがわかってきている。

思考できない思考

自分が何を考えているかを正確に把握するのは難しい。脳内のプロセスを自覚できる範囲には限界があるからだ。多くの人が、勝負のデートの日、あるいは仕事の面接の日に着ていく服で悩んだ経験があるだろう。これで相手の期待に応えられるだろうか。悪い印象を与えはしないだろうか。見た目は問題ないか。社会人らしく見えるか。靴は派手すぎないか。考えることはたくさんあるが、実は思考のなかには本人も明確にできない、それどころか意識もできないものがたくさんある。

意識というのは非常におもしろく、思考の多くは意識のレベルまでのぼってこない。たとえば、面接に履いていこうと思っていた靴を見つけるのは簡単だが、自分が靴をどう靴と認識しているか、靴の色をどう知覚しているかは自分でもよくわからないはずだ。私たちはいろいろなことをわかっていない。自分がどこへ視線を動かしていて、舌がどこに位置していて、心臓の鼓動をどうコントロールし、どのようにものを見て、どう言葉を認識し、最初に住んだ家をどう記憶しているかをわかっていない。だからこそ、私たちは意識できる認知プロセスだけでなく、目を動かす頻度のような無意識の行動や、何かに対する感情のような心の奥底にあるものを特定する必要がある。

私は認知科学の博士課程で学び、記憶と言語、問題解決、意思決定を研究した。そして今、コンサルティングを15年以上続けた経験から、顧客にどう話を聞き、顧客の行動をどう観察すればいいかをわかっている。どうすれば顧客の心のスイッチを入れ、飛び抜けた製品やサービスを作るチャンスを見極め、ビジネスを成長させて顧客に最高の体験を提供できるかを把握している。グローバル展開する商品の戦略を練っている世界有数の企業をクライアントに持ったこともある。みなさんがこの本の情報を活用し、顧客を理解する過程を私と同じように楽しんでくれればうれしい。

この本の想定読者

この本は、開発責任者となるプロダクトオーナーやプロダクトマネージャー、デザイナー、UXデザイナー、デベロッパーを読者に想定し、そうした人々が次の三つを達成できるようになることを目指している。まず、輝かしい体験を構成する認知プロセスがどんなものかを理解すること。次に、顧客からの聞き取り調査（本書ではコンテクスチュアル・インタビューと呼ぶ）で得た情報を活用する方法を知ること。そして最後に、その知識を製品やサービスのデザインに応用する方法を学ぶこと。この本は学術書ではなく、実践書を目指している。

この本の情報が重要なわけ

製品やサービス、体験の提供が圧倒的な成功を収めるには、ターゲット顧客のニーズを満たす必要がある。自分の商品をはじめて使った人に、「確かにこいつは見事だ！」と言わせるくらいに。

とはいえ、企業の社長やマーケター、プロダクトオーナー、デザイナーが製品やサービスを使って飛び抜けた体験を生み出すにはどうすればいいのだろうか。確かに、顧客から話を聞けば彼らの望みはわかるが、自分のニーズを把握している、もしくはニーズをはっきり言葉で説明できる人は多くない。自分が何をほしいかという視点で作業を進める人もいるだろうが、13歳の娘が「インスタ」や「フィンスタ［インスタグラムの裏アカウント］」で何をしようとしているかを理解するのは難しいのではないだろうか。お金持ちの投資家が「シークアルファ」に何を求めているかがわかるだろうか。逆三角合併に関する税法を探している75歳の弁護士の望みはどうだろう？　そんなとき、どう開発を進めていけばいいのだろうか。

この本は、顧客のニーズや視点を深く理解する必要がある人のためのツールとなることを目指している。認知科学者である私は、「ユーザビリティテスト」や「マーケットサーベイ」、「エンパシー（共感）リサーチ」は、単純すぎたり、逆に複雑すぎたりすることがあると感じている。ポイントが少しずれていて、チームが作るべきものを認識する助けにならない場合があると思っている。

つまり、もっといい方法があると信じている。それは、体験を構成する要素を理解し（この本ではまず、その六つの要素となる「シックス・マインド」について解説する）、顧客のニーズを幅広いレベルでいっそう正確に特定できるようになることだ。この本を参考にしながら、顧客のニーズをさまざまなレベルで理解し、ツボを突いた商品を作れるようになってほしい。

この本の構成

Part I　「体験」の本当の正体

第Ⅰ部では、人間の認知という魅力的な領域について、デザイナーやプロダクトマネージャー、デベロッパーが意識すべきことを解説する。

- 1章では、「体験」が実は多数の体験と認知プロセスの集積であるという考え方を紹介する。
- 2章では、視野と関心についてみていく。人間が何に惹かれ、何を探し、無意識の思考がどのくらいの頻度で発生しているかを考えていこう。
- 3章では、人間の脳の多くの部分が空間認識に使われていることを指摘し、その機能がアプリやウェブサイトなどの仮想空間にどう応用されているかを考える。チュニジアの砂漠に棲むアリを実例として紹介するのでお楽しみに。
- 4章では、体験が実は記憶の影響を受け、記憶で穴埋めされていることを強調し、具体的な物体が抽象的な思考へすぐさま変換される過程を解説する。顧客が思考で満たしているものはなんだろうか。
- 5章では、顧客はあなたではないことを思い出してもらう。企業が使うのと同じ言葉を顧客が使うことはほとんどない。だから、あまりにも単純すぎたり、逆に専門的すぎたりする言葉遣いをすれば、顧客の信頼をあっさり失う。しかも、同じ言葉でもこちらの考える意味と、顧客の考える意味は異なっている場合がある。
- 6章では、思考と言われてたいていの人が思い浮かべるもの、つまり問題解決と意思決定を扱う。とはいえ、この章は注意喚起の意味も持っている。私たちの考える問題は、実際の問題とは異なっている場合も多いのだ（その例として、この章では脱出ゲームを紹介する）。顧客が製品やサービスを使って解決しなくてはならないと思っている問題はなんだろうか。

- 7章では、6章の「賢明な決断をしたい」という意図が、実はたいてい、感情的な自分が選んだものであることを解説する。顧客にとって魅力的で、顧客の生活を向上させ、顧客の心の奥底にある情熱を目覚めさせ、恐怖を和らげるものはなんだろうか。

第I部を最後まで読むと、人間の認知や体験を構成する多数の思考、認知プロセス、感情に対する理解が深まるはずだ。

Part II　顧客の秘密を明らかにするリサーチ手法

第II部では、あなたのチームの全員がユーザーリサーチの貴重なメンバーになることを目指す。仕事中の顧客を観察し、彼らから話を聞くなかで、第I部で解説した認知プロセスについて価値あるインサイトを明らかにする方法を紹介しよう。いわゆる「地に足をつける」を実践するパートだが、心理学者になる必要はまったくない。

- 8章では、ぜひ実施してもらいたい「コンテクスチュアル・インタビュー」の進め方を紹介する。これはシンプルな聞き取り調査と仕事中の顧客の観察を組み合わせた調査手法で、「コンテクスチュアル・インクワイアリー」という呼び方もよくされる。この章では、インタビューが必要な理由、集めるべき情報、集めたメモを整理してそこから製品に関するインサイトを引き出す方法など、さまざまな点を扱う。
- 9章では、顧客が関心を惹かれているもの、探しているもの、探している理由について、重要なインサイトを数多く集める方法を解説する。私がこのテクニックを使ってサポートした警備員たちが、大きなビルやスタジアムでカメラや警報を巧みに管理し、開いたままのドアや止まったエレベーター、故障した湯沸かし器まで、あらゆるものに常に注意を払って人々の安全を守っている様子も紹介しよう。
- 10章では、顧客の使っている言葉を入念に記録し、そこに込められた意味を考察する方法を解説する。多くの組織の共通課題である専門性とわかりやすさの共存について、私たちがアメリカ国立衛生研究所のウェブサイトであらゆる疾病の解説を整理し、それを実現した話を紹介しよう。
- 11章では、製品やサービスに対する顧客のメンタルモデルを考えてもらう。顧客はアプリやサービスのどこにいると思っているだろうか。彼ら自身は、次のステップへ進むのにどうすればいいと考えているだろうか。

・12章では、顧客の既存の知識を活用する方法を紹介しよう。顧客はどんな知識を持っていて、製品やサービスの仕組みをどう捉えているか。どんな経験がその知識のもとになっているか。小規模ビジネスの社長向けの商品を例に、小さい会社の社長には大きく分けて二つのグループがあり、グループによってニーズがまったく異なっている、つまり製品やサービスも2種類用意する必要があることを紹介する。

・13章では、顧客が解決しようとしている問題と、解決の方法だと思っているものを見つけ出すやり方を解説する。優れた体験を提供する方法の一つは、実際の問題が認識している問題とはまったく異なると顧客に気づいてもらうことだ。その絶好の例として、はじめて車を買う人々に登場してもらう。

・14章では、顧客がインタビューで口にしなかった内容を察知する方法を扱う。顧客の大きな目標は何で、恐れていることは何か。顧客に製品やサービスに対してイエスと言ってもらうには、何を知らせる必要があるか。インタビューでは、財布に入っているクレジットカードの種類といった質問から始め、徐々に奥深い願望を明らかにする質問へ移っていくべきだ（最後にはハグされることもある）。製品は顧客の大きな目標の実現を助ける必要があることが、改めて実感できるだろう。

Part III　シックス・マインドのデザインへの応用

さて、これで顧客の関心の対象と使っている言葉、抱いている感情、解決しようとしている問題などについて、魅力的なインサイトが見つかった。ここからは、自分の商品をどう変えていけばいいかを考えていこう。

・15章で扱うのは「センスメイキング」、つまりデータから特定のパターンを見つけ出し、顧客を分類する方法だ。それには、顧客の思考パターンと感情に関する知識を有効活用する必要がある。顧客について検討するには、郵便番号や平均売上、経験年数に注目するよりもいい方法があるのだ。そのアプローチを、自分なりのお金の使い方を模索しているミレニアル世代や、詐欺に遭った家族など、さまざまな顧客層に応用する方法を紹介しよう。

・16章では、15章で特定した顧客グループに合わせて適切なマーケティングを行い、成功する商品を作り出す方法を解説する。自分が必要としている商品だと顧客に認識してもらい、「魅力」を感じてもらうにはどうすればいいのか、商品を使ってどう顧客の生活を「改善」し、顧客が心の底でやりたいと思っていることを「目覚め」させ、人生最大の目標の達成をサポートするにはどうすればいいかを考えよう。
・17章では、製品とサービスのアイデアを検証する方法を紹介する。成功と発売は早いに越したことはない。シックス・マインドをリーンやアジャイル（こうした流行語をまだ使っていなかったことをお詫びしたい）といったアプローチに組み込む方法を習得しよう。
・18章は一種のまとめだ。世界のトップ100に入るウェブサイトを私の会社が立ち上げ、そのデザインにシックス・マインドを活用した話を紹介しよう。また、シックス・マインドは静的なものではないことも知ってもらう。シックス・マインドの構成要素の中身は、購入プロセスの最中など、時間とともに変わっていく可能性がある。
・19章は今後を先取りした内容になる。最近のシリコンバレーでは、ネコを振り回せば人工知能（AI）や機械学習（ML）の話に行き当たるというくらい、AIやML戦略が花盛りだ（この本を書くためにネコを傷つけたわけではないので、ご心配なく）。みなさん、特にプロダクトオーナーや技術チームのリーダーには、一歩下がって本当に達成すべき目標を考え直してほしい。人間に対する理解が深まるほど、商品開発というコストもリスクも大きい取り組みが大成功を収める確率も高くなる。
　人間をサポートする能力を持った機械学習やAIシステムに正しい情報を与え、適切な言葉遣いとそれを使うべき適切なタイミングを教え込み、AIが優れた決断をしてもっと多くの問題を解決できるようにする方法を考えよう。

さあ、本編に入ろう。この本で得た新しい知識やツール、スキルを使って、顧客がいまだかつて経験したことのない最高の製品やサービスを作り出そう。

凡例

ここからは、この本で使用している凡例を紹介する。

イタリックはURL、Eメールアドレス、ファイル名、ファイルの拡張子などを表す。新しい用語や強調したい用語は括弧でくくった。訳注、編注は［　］でくくり、本文内に示している。

ちなみに

この部分には補足情報やヒントを記載する。

注意

注意点を記載する。

謝辞

ブリリアント・エクスペリエンス社の同僚、特にこの本の執筆に取りかかる、さらには終わらせるきっかけをくれたみんなに感謝したい。ユーザーエクスペリエンス・プロフェッショナル協会と全国、またここワシントンD.C.の友人と同僚は、日々私に刺激をくれた。この本がみんなの助けになればうれしい。オライリーの編集者と担当チームは、がまん強く、申しわけないほど助けてくれた。ありがとう。そして家族は、オフィスと喫茶店を行き来しながらキーボードを叩くばかりの私が何をしているか不思議だったかもしれない。もうすぐ帰るよ！

最後に、心理学者と認知科学者のみなさんへ

この本の内容に納得できない部分があったとしても、がまんしていただきたい。今回は現場に応用できる実践的な本を目指したため、脳や精神に関して現在わかっている細かな情報をすべて盛り込むことはできなかった。今回は、製品やサービスのデザインに関わる情報を、幅広い読者に伝える手段が必要だった。人間の精神について、今回（残念ながら）表面的にしか紹介できなかった驚くべき事実は無数にあるが、読者には複数の認知プロセスを念頭に

置いたデザインという幅広い考え方に集中し、最終的にはエビデンスに基づき、心理学に根ざしたデザインをできるようになってもらいたかったので、あえて詳しい説明は省いた。科学者仲間とともに、脳に関する新たな事実を製品とサービスのデザインへ組み込む仕事ができたのは光栄だった。みなさんからのご指摘を歓迎する。各章の最後には、興味を持った読者が知るべき科学について知識を深められるよう、参考文献を記載した。

ご意見をお聞かせください

この本は話し合いの出発点でしかない。私の名前をグーグル検索して、みなさんの意見を聞かせてほしい。考えを洗練させるのに、みなさんの力を借りられればうれしい。

Part I

体験の本当の正体

「お仕事はなんですか?」という定番の世間話に対して、私が心理学者だと答えると、相手はこちらが何をしているかわかったような気になるが、認知科学者だというと、何をする仕事なのかわからないと感じる。

基本的に、認知科学とは認知、つまりは思考と、物体の認識や言語の使用、論理的思考、問題解決といった脳内のプロセスを研究する学問だ。この本を読めば、みなさんも体験の見方、さらには体験のデザインの仕方がきっと変わるはずだ。

人はみな、物事を意識的に体験するが、実は認知のプロセスには、無意識下で自動的に行われるものが数多くある。たとえば、椅子が椅子だとわかるのはなぜか。人はまず、視覚系を使って床の上にある物体を認識し、眼底で捉えた平面画像から立体像を作成し、次にその画像を記憶に保存されている別の画像と照らし合わせ、最後にその概念を「椅子」という言語と結びつける。

椅子を認識するという過程は、これだけのステップから成り、しかも各ステップには独自の情報処理システムが関わっている。である以上、体験もこうしたプロセスで構成されていると考えるべきだ。第I部では、私たちが一つの「体験」として意識する出来事が、実は脳内のさまざまな認知プロセスが奏でる交響曲であることを紹介する。

それぞれのプロセスを順番に見ていきながら、「体験」の構成要素と、新たな体験を生み出すのに必要な条件を明らかにしていこう。プロセスは細かく分ければ数百あるが、この本では製品とサービスのデザインにとりわけゆかりの深い六つを抽出した。それが視野／関心、空間認識、記憶、言語、意思決定、感情だ。

それでは、顧客の意識的、無意識的な思考の世界を旅してみよう。

1.

体験のシックス・マインド

人間の脳内では、1分間に数百の認知プロセスが発生するが、製品とサービスのデザインとの関係性に基づいて整理すれば、現実的に測定して影響を及ぼせるレベルまで数を絞り込める。

そのプロセスはいったいどんなもので、どんな機能を持っているのか。具体例を使いながら説明しよう。たとえば中世とモダンをミックスした自分の家にふさわしい椅子を買おうとしているとする。その場合、図1-1のような、イームズのクラシックなチェアとオットマンが気になるのではないだろうか。あなたはそういう椅子を求めてインターネットの通信販売サイトを探す。

図1-1 ／ イームズの椅子とオットマン

視野と関心

まず、あなたは家具を扱うサイトへ椅子を探しに行き、そして写真に視線と関心を向け、自分が正しいサイトにいることを確認する。そのあとは検索ボックスに「イームズ　チェア」と打ち込む人もいれば、ページを眺めて「家具」や「椅子」といった言葉を探し、椅子のカテゴリーから目的のサブカテゴリーへ進む人もいるかもしれない。「椅子」が見つからない場合は、椅子が含まれそうな別のカテゴリーを探すだろう。ひとまずここでは、図1-2のようなカテゴリーメニューから「リビング」を選んだとしよう。

新作	リビング	ダイニング	寝室	仕事場	アウトドア	倉庫	照明	ラグ	アクセサリー	デザイナーズ	セール
New	**Living**	**Dining**	**Bedroom**	**Workspace**	**Outdoor**	**Storage**	**Lighting**	**Rugs**	**Accessories**	**Designers**	**Sale**

図1-2 ／ デザインウィズインリーチのサイトのナビゲーション

空間認識

サイトへ入る方法が見つかったら、次はその仮想空間内の移動方法を理解する必要がある。現実世界では、家のなかや周囲の地理を理解し、お気に入りの商店や喫茶店など、よく行く場所への行き方を覚える必要があるが、仮想空間、特に3次元の仮想空間には、人間の脳が理解できる案内板が用意されていない場合がある。

人間は、ウェブサイトやアプリ、仮想体験のなかで迷子になりがちだ。どう動けばいいかわからなくなることも多い。図1-2では「リビング」という単語をクリックすればいいだけだが、スナップチャットやインスタグラムでどうスワイプやクリックをし、どうスマートフォンを動かせば目的の項目にたどり着けるかわからない大人は珍しくない。最高の体験を生み出すには、ユーザーがリアルでもバーチャルでも自分の居場所を認識し、物理空間のなかで移動したり、スワイプやタップをしたりなど、どうすれば移動できるかを理解できていることが重要になる。

言語

インテリアデザイナーと一緒に仕事をすると、彼らが私と異なる言葉を使っているのが不思議に思える。カテゴリー分けに使う言葉が、専門知識の差で大きく異なるのだ。たとえばエッグチェアとスワンチェア、ダイアモンドチェア、ラウンジチェアの違いをわかっているインテリアデザインの専門家なら、家具サイト内を難なく移動できるが、分野の素人の場合、そうした具体名を端から検索してみないと、どんなものを指しているかわからない。優れた体験を生み出すには、ユーザーが使っている言葉を把握し、そのレベルに合わせる必要がある。専門家に「椅子」という極めて不正確な表現のカテゴリーを見てくださいと言っても困惑されるだけなのと同じで、神経科学の専門家ではない人に、背外側前頭前野と前帯状皮質の違いを説明しろと言ってもポカンとされてしまうだけだ（ちなみに、どちらも神経解剖学上の部位を指している）。

記憶

私の場合、ECサイトを見るときはサイトの構造を予測しながら閲覧する。たとえば、検索ボックス（と検索結果）、カテゴリーごとのページ（椅子カテゴリー）、製品ごとのページ（椅子個別のページ）、支払いの手順があるつもりで見る。このように、人はさまざまな想定に基づいて行動する。人、場所、プロセスなどに対して、心のなかで自動的に何かを想定する。プロダクトデザイナーは、ユーザーの想定をしっかり理解し、同時にその常識から外れたものを提示する場合は、ユーザーがどう混乱するかを予測する必要がある（たとえば、配車サービスのリフトやウーバー、あるいはリムジンをはじめて使った人は、ドライバーに直接料金を支払わなくていいことに違和感を覚える）。

意思決定

究極的に言えば、ユーザーの望みは目標を達成して決断を下すことだ。今回の家具探しの場合、決めるべきは図1-3の椅子を買うかどうかになるが、その際、脳内にはいくつもの疑問が浮かぶ。自分の家のリビングに合うか、買える値段か、玄関から入るサイズか、50万円以上もするのに、配送中に傷が付いたり破損したりはしないか。一番安く買えているか。メンテナンスの方法はどうか。プロダクトマネージャーやセールスマネージャー、デザイナーは、こうしたユーザーの思考の旅のすみずみに思いを馳せ、旅の途上で生まれるであろう疑問に答えを用意しておく必要がある。

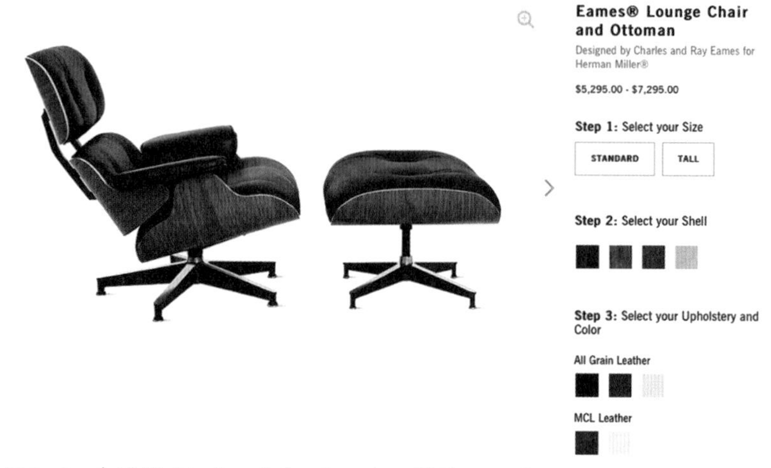

図1-3 ／ デザインウィズインリーチの製品ページ

感情

「自分は『スタートレック』シリーズのミスター・スポックのように、完全に論理的な思考ができる」と思う人もいるかもしれないが、さまざまな書籍や論文で言われているように、人間の体験や思考にはあまたの感情が影響している。先ほどの椅子を見て、これなら友人を感心させられると思う人もいるかもしれないし、自分の地位や「一定の実績を残した」ことの証明になると感じる人もいるだろう。逆に、「なんて見栄っ張りな！」とか、「椅子に50万？そんなに払って、家賃と食費はどう捻出したらいいんだ」と感じて軽いパニックを起こす人もいるかもしれない。すばらしい体験を構築するには、心の奥底に眠る感情と、深い信念を特定する作業が欠かせない。

シックス・マインド（六つの脳）

今解説してきたプロセスは、それぞれ特徴が大きく異なり、処理に使う脳の部位も基本的には別々だ（図1-4参照）。私たちが一つの体験として認識するものは、これらが一体となって生み出されている。認知神経科学の専門家なら、解剖学の観点からも、プロセスの数からも単純すぎる分け方だと言うだろうが、プロダクトデザインと神経科学をうまくつなげるには、ある程度大きなテーマにまとめる必要がある。

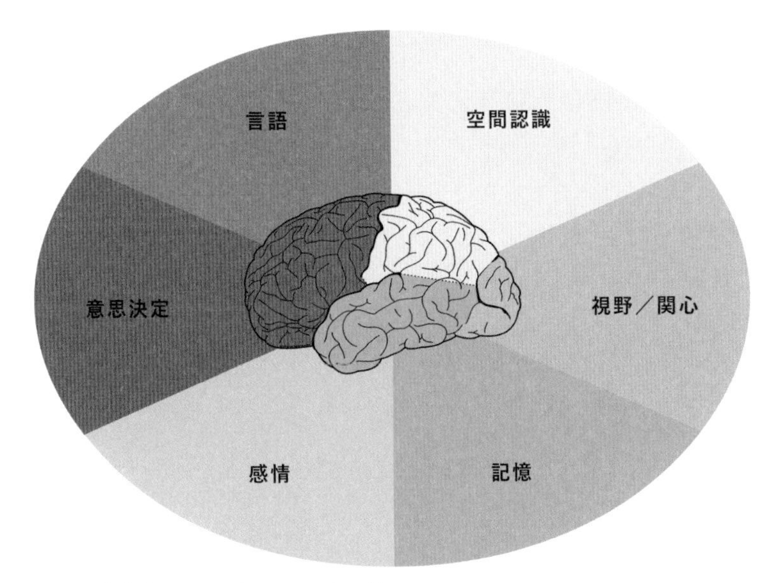

図1-4 ／ 体験のシックス・マインド

それでも、「体験」が実は一つのものなどではなく、多面的で、繊細で、脳のさまざまな部位の活動とそれを表現する働きから成っているのは誰もが認めるところだろう。顧客体験は画面上ではなく、脳内で発生する。

やってみよう

ここでいったん本を置いて、適当なネット通販サイト、できればめったに使わないサイトへ行ってほしい。そして「顧客体験（カスタマーエクスペリエンス）」に関する本を探してほしい。その際は、次の点を改めて意識しながらやってみよう。

› 視野／関心

サイトを訪れて、最初に目を惹かれたのはどこか。どこを見たか（画像か、色か、単語か）

› 空間認識

自分がサイト内のどこにいて、どう移動すればいいかがわかるか。わからないなら、理由は何か。

› **言語**

どんな単語を探しているか。具体的な意味がわからない単語や、一般的すぎて内容が予測できないカテゴリーはあるか。

› **記憶**

サイトの構造に対する自分の想定は当たっているか、それとも外れているか。

› **意思決定**

本を買うという目標の達成に向かうなかで、どういう小さな決断を続けているか。

› **感情**

どんな不安があるか。購入をためらう要因はあるか（セキュリティやサイトの信用など）。

そうやって脳の活動を自覚できたら、今度はこう自問しよう。心理学者ではない、プロダクトマネージャーとしての自分が、ユーザーがどこを見て、何を探しているかを把握するにはどうすればいいか。ユーザーの想定を理解するにはどうすればいいか。心の奥底の感情を明らかにする方法は何か。詳しいことは第Ⅱ部で解説するが、まずは視野／関心、空間認識、記憶、言語、感情、意思決定という言葉が指す内容を詳しく知ってもらいたい。そうすれば、実ユーザーを対象にインタビューや観察を行い、「現場で」こうしたプロセスを認識できるようになる。

2.

視野と関心
一瞬の出来事に潜む無数の自動プロセス

脳内イメージが作り出す体験

友人か誰かに「ちょっと目を閉じて」と言われて（薄目を開けないように！）、開けてみたら大きなサプライズが待っていた経験はないだろうか。目を開けた瞬間、さまざまなものがあなたのなかに飛び込んでくる。目の前の場面の光と闇、色、物体（ケーキとロウソク）、顔（家族と友人）、音、におい、感情（喜び）。こんなふうに、体験とは瞬間的で、多面的で、多層的なものだ。

人間の脳には、感覚器官を通じて情報の奔流が流れ込んでくるが、私たちには、その大部分をほぼ瞬時に知覚できる能力がある。これは人間にとってはごく自然な処理だが、機械や自動運転車には至難の業で、改めて考えると「難なく」こなせるのは驚きと言える。私たちには、とにかくそれができる。方法を深く考えなくとも、ごく一部の例外的な状況を除いて（濃い霧のなかなど）、物体を認識し、3次元の物質世界を理解できる。

こうした自動的なプロセスは、眼球の奥にあるニューロンから始まり、取り込んだ情報はそこから脳梁を通って後頭葉へ、さらには側頭葉と頭頂葉へほぼ瞬時に届く。この章では「物体」の、次の章では「場所」の認識を詳しく取りあげよう（図2-1参照）。

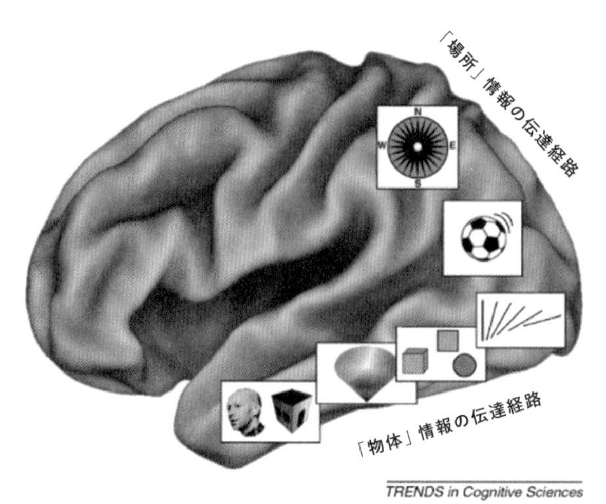

図2-1 ／ 場所・物体に関する経路

ほとんど意識的にコントロールしなくても、脳は明るさや角、線、線の向き、色、動き、物体、空間（さらには音や感触、運動感覚なども）といったばらばらな情報を組み合わせて一つの体験を作り出せる。個々の情報を別々に意識はしないし、それらが一体となって一つの体験を生み出していること、過去の記憶が知覚に影響していること、情報がなんらかの感情を呼び覚ましていることを自覚したりもしない。

これはものすごいことだ。実際、機械にとっては似たような色と形の物体（たとえばマフィンとチワワ）を見分けることさえ一筋縄ではいかないが、人間はサッと見ただけでほぼ間違えずに見分けられる（図2-2）。

視野と物体の認識、知覚について言いたいことは山ほどあるが、ここではデジタル商品のデザインに関わる重要な点だけ押さえよう。まず、体験の過程では、無数のプロセスが同時かつほぼ無意識に実行されている。そして次に、コンピュータにとっては非常に難解なプロセスの多くを、人間はほとんど労せずこなしている。

図2-2 ／ チワワかマフィンか

ノーベル賞学者のダニエル・カーネマンは、名著『ファスト＆スロー』のなかで、脳の働きには二つの方式があるという説得力のある主張をした。一つがプロセスを自覚し、意識的にコントロールする方式（遅い思考）で、もう一つが意識的なコントロールや内省の力がほとんど及ばない自動的な方式（速い思考）だ。

私たち製品やサービスのデザイナーは、意思決定などの意識的なプロセスに着目するのは得意だが、自動的な速い思考を意図的に活用し、デザインに組み込むことはめったにない。速い思考はすばやく自動的に発生し、ユーザーが支払う精神的労力は実質「無料」だ。それでも、プロダクトデザイナーはこの両方を活用する必要がある。なぜなら、二つはほぼ独立したプロセスで、自動的なプロセスは意識的なプロセスにほとんど負担をかけない。詳しくは次の章で解説するが、ひとまずここでは、デザイナーが活用できる自動的な視覚プロセス、すなわち視覚的な関心を見ていこう。

目で見るという無意識の活動

章の冒頭で紹介した、目を開けると大きなサプライズが待っていた瞬間を思い出しながら、今ここで、自分の手で目を塞ぎそれからパッとどけてほしい。すると眼球がすばやく動き、目の前の光景を確認しているのに気づくはずだ。というより、目は常に動いて情報を取り込んでいる。眼球がスムーズな軌道で動くことはあまりなく、視線はたいてい、あるポイントから別のポイントへと飛びまわっている（学者はこの現象を「断続性運動」と呼ぶ）。この動きは赤外線アイトラッキングシステムなどの専用ツールで測定でき、実際に専用のめがね（図2-3）やパソコンのモニターの下に設置する小さなセンサーが作られている（図2-4）。

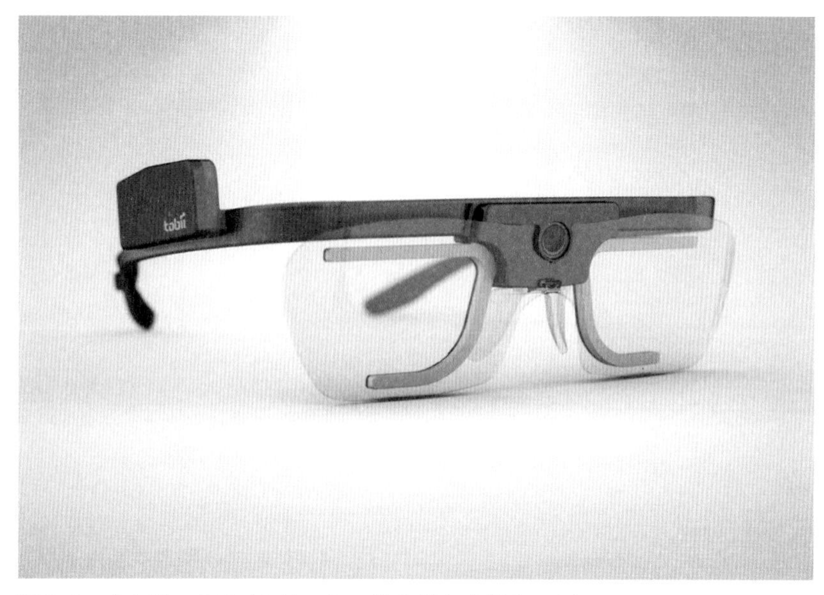

図2-3 ／トビーのアイトラッキングめがね「グラス2」

図2-4 ／ トビーのX2-30（画面の下に付いている装置）

こうしたツールのおかげで、ウェブページや検索結果を見たときの視線移動のパターンがかなりはっきりわかってきた。グーグル検索のボックスに何か検索語を打ち込み、ノートPCで検索結果を見るとき、ユーザーは1行目の冒頭の7～10語に目をやり、次に2行目の5～7語を眺め、3行目からは語数が減っていく。眼球の（断続的な）動きには、「F字型」のパターンという特徴があるのだ。図2-5の画像では、色が濃い部分ほど見ている時間が長いことを意味している。

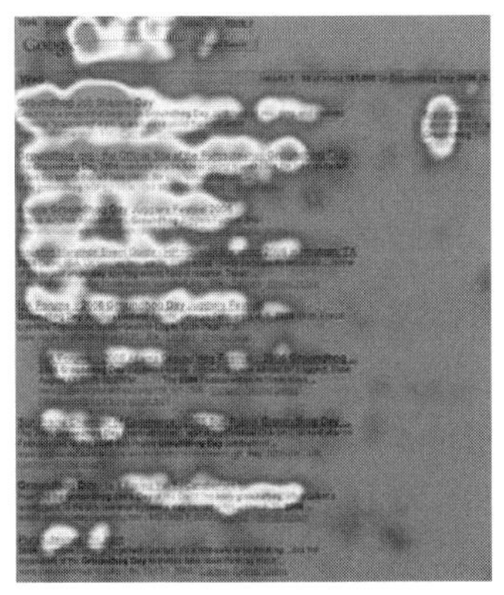

図2-5 ／
検索時の「F」字パターンの
ヒートマップ
（出典：http://bit.ly/2n6yQuw）

視覚的に「飛び出す」

人間は意識的に目を動かすこともできるが、たいていは自動的なプロセスにコントロールを任せている。目の動きを「自動操縦」モードにするのは、ある意味うまいやり方で、そのおかげで、人は視界内に特徴的なものがあった場合、そこに大きく注意を惹かれるようになっている。自動的に風景から「飛び出す」はぐれものに関心を抱き、目をそちらに向ける。

この強力で自動的なプロセスを活用できているプロダクトデザイナーは多くないが、画面上の任意の部分に注意を向けてもらうには絶好の手段になる。『セサミストリート』の挿入歌（「このなかに一つだけ、ほかと違うものがあります。このなかに一つだけ仲間はずれがいます……」）にあるとおりだ。図2-6では、視界内で視覚的に際立って見えるようにする方法をいくつか紹介している。ほかに重要なのは、視覚的なコントラスト（周囲と比べた際の明るさや暗さ）と動きだろう。各イラストの右下が「飛び出して」見えるのは、ほかとは異なる特徴（形や大きさ、向き）を持っていると同時に、周囲とのコントラストがあるからだ。

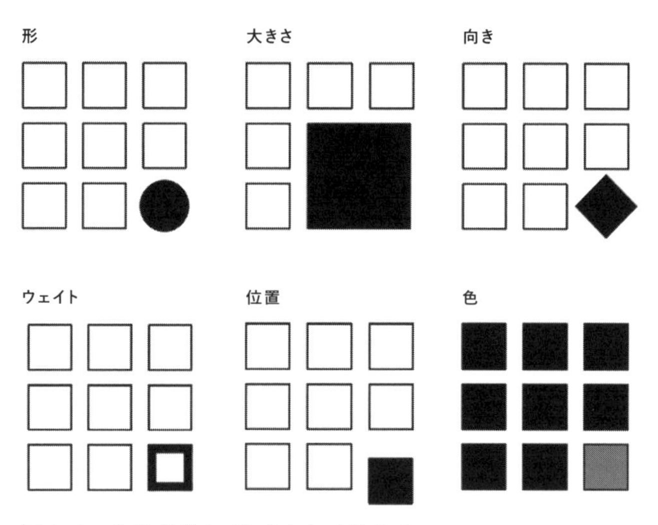

図2-6 ／ 視覚的に飛び出して見える

おもしろいのは、特徴的な物体が一つあれば、周囲に似たものがどれだけ多かろうと、関心を集められる点だ。複雑な状況（車のダッシュボードを見ている瞬間など）では、必要なときに必要な部分に注目してもらうのに、この手法がとても役に立つ。

熱心な読者のなかには、目の動きの司令塔について考え、こう思った人もいるかもしれない。「本人が目の動きを意識的に指示していないなら、いったい誰が次に見るべき対象を決めているんだろう？　それに目は、どれだけ正確に視界の1点へ注意を向けられるんだろう？」と。実は人間の視覚的な関心のシステム、つまり次に何を見るべきかを判断するシステムは、ぼんやりとした（フォトショップユーザー的に言えば「ガウス」の入った）おおむね白黒のイメージを使って決断している。「本人」が意識的に目を動かしていない場面では、そのイメージを使い、情報を常に更新しながら、次に見るべき対象を決めている。目の動きを制御しているのが本人なのかは、よく考える必要があるだろう。

ユーザーの目の動きをデザイナーが予測するには、ユーザーが見ている場面や対象を切り出し、フォトショップなどのプログラムを使って色を薄め、目を細めてみる（ぼかしを入れてもいいだろう）といい。さらに、アイトラッキングデバイスを使って実際の視線移動のパターンを測定すると、人間の目が場面のどこに惹きつけられているかがよくわかる。

見なかったもの

目の動きの測定結果で特におもしろいのが、結果が出なかった部分、要するにまったく見なかったものだ。たとえば私は、画面右端の普通なら広告が表示されるエリアに、補助的なヒント情報を置こうとしている入力フォームを見たことがある。しかし残念ながら、ユーザーには画面の右端は広告だという思い込みがあるため、便利な情報が載っているにもかかわらず、その場所に目を向けなかった。このように、ユーザーの目線を予測し、デザインを工夫して、見てほしい便利な情報に注目してもらうには、ユーザーの過去の経験を知ることがとても役に立つ。

見なければそこに何があるかは決してわからないのだから、そもそも情報を置いていないのと一緒だ。しかし、心理学に根ざしたデザインを行い、関心のシステムを正しく活用できれば、製品やサービスを通じてユーザーの関心を必要な場所へ正確に引きつけられる。そしてこれは、最高の体験を提供するための必須条件になる。

視覚システムが生み出す偽のクリアーさ

もう一つ、人間の視覚について、どうしても伝えておくべき特徴がある。それは、ものをクリアーに見るとはどういうことかだ。私たちは、場面内のすべてを等しくクリアーに見て、注目し、細部まで把握できると思い込んでいる。ところが実際には、自分という視点を通して対象を見ると、ものをクリアーに把握する能力と色を認識する能力はどちらも著しく下がる。ニューロンはわずか2度（腕を伸ばした先の指2本分）の視角のなかのものしか、輪郭と色をすばらしく鮮明には見せてくれない。

信じられないという人は、本棚のある本を見たまま、その2冊となりにある本の背表紙のタイトルを読み取れるか試してみてほしい。きっとできないことに驚くはずだ。

見つめている（中心窩で捉えている）対象からほんの数度ずれただけで、人間の脳はその情報を完全には処理できず、そこに何があるかの想定を始める。だからこそ、体験ではしっかり目を向けてもらうことが大切になる。そばにあったところでなんの意味もないのだ。

イメージの裏切り —— 存在するものではなく、ユーザーが認識しているものを知る

ページ内の言葉であれ、画像や図であれ、自分が見ているものが何かをユーザーが認識できなければ、その言葉や画像はなんの意味も持たない。

そのいい例がインスタグラムのアイコンだろう。インスタグラムを使ったことがない人に図2-7を見せてみたら、それぞれのアイコンが何を意味しているかを正しく推測することはほぼ不可能なはずだ。その人にとって、それぞれのアイコンの意味は、その瞬間に自分で付けた意味になり、デザイナー側が意図したものとはズレる可能性がある。デザインチームはテストを通じて、自分たちが示した視覚要素の意味を多くのユーザーが正確に理解できているかを検証し、どうしても必要な場合は、ユーザーが使いながら意味を学べるような仕組みを実装する必要がある。少しでも不安があるなら、斬新さよりも標準的であることを優先しよう。アイコンはスタンダードなものにし、オリジナリティはほかで出せばいい。

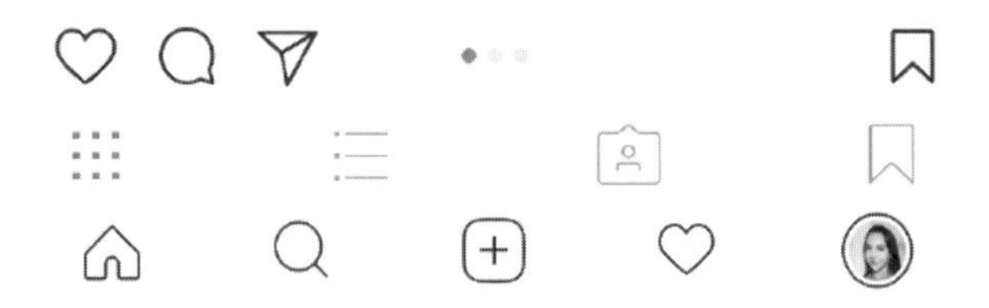

図2-7 ／ インスタグラムのコントロールアイコン

参考文献

- Evans, J. S. B. T. (2008). "Dual-Processing Accounts of Reasoning, Judgment, and Social Cognition." *Annual Review of Psychology* 59: 255–278.
- Evans, J. S. B. T., & Stanovich, K. E. (2013). "Dual-Process Theories of Higher Cognition: Advancing the Debate." *Perspectives on Psychological Science* 8(3): 223–241.
- ダニエル・カーネマン著、村井章子訳、『ファスト&スロー　あなたの意思はどのように決まるか?』、早川書房、2014年

3.

空間認識
現在地と移動方法の把握

人間が何を見ているかを突き詰めていくと、必然的に、次は人間の空間認識を理解する必要が出てくる。人間の脳の大部分は空間的な概念の形成に使われているから、その認知プロセスをデザインにどう活用すべきかを検討する必要があるのだ。空間認識は、自分の居場所の認識、そして空間内の移動の仕方の認識という二つの視点から考えていく。

砂漠のアリの計算能力

空間認識という考え方を理解してもらうために、チュニジアの砂漠に棲息する巨大なアリを紹介したい。このアリは、私たちと同じ重要な能力を持っている。ランディー・ガリステルの『The Organization of Learning［学習の組織］』には、このアリを含めた動物たちの驚異の能力が紹介されていて、生き物の認知プロセスには私たちが思う以上の共通点があることがわかる。多くの生き物が、時間と空間、距離、光と音の強さ、食べ物の形などを計算できる。

さて、自分がこのチュニジアのアリになったと思ってほしい。砂漠のなかで自分の居場所を特定するのはかなりの難業だ。木のような目印がないし、風で砂が舞って地形も頻繁に変化する。そのため、巣を離れたアリは別のものを使って家に戻らないといけない。足跡や目印、においなどは強い風が吹けば消えてしまうため、どれも頼りにならない。

しかも、アリは食べ物を求めて砂漠をあちこちうろつく。図3-1は巣から北西へ向かったアリの大まかな移動経路で、アリの空間認識能力を測る実験として、科学者は図の「エサ箱」と書いた地点に甘いシロップをたっぷり詰めた鳥のエサ箱を置いた。幸運なアリは箱をよじ登り、シロップを発見して、食べ物満載の大当たりを引いたことを知る。そして試しに一口食べてみたあと、仲間にこの大ニュースを知らせたくてたまらなくなる。ところがその前に、科学者は（まだアリがなかにいる）エサ箱を持ち上げて、東へ12メートル移動させてしまった。

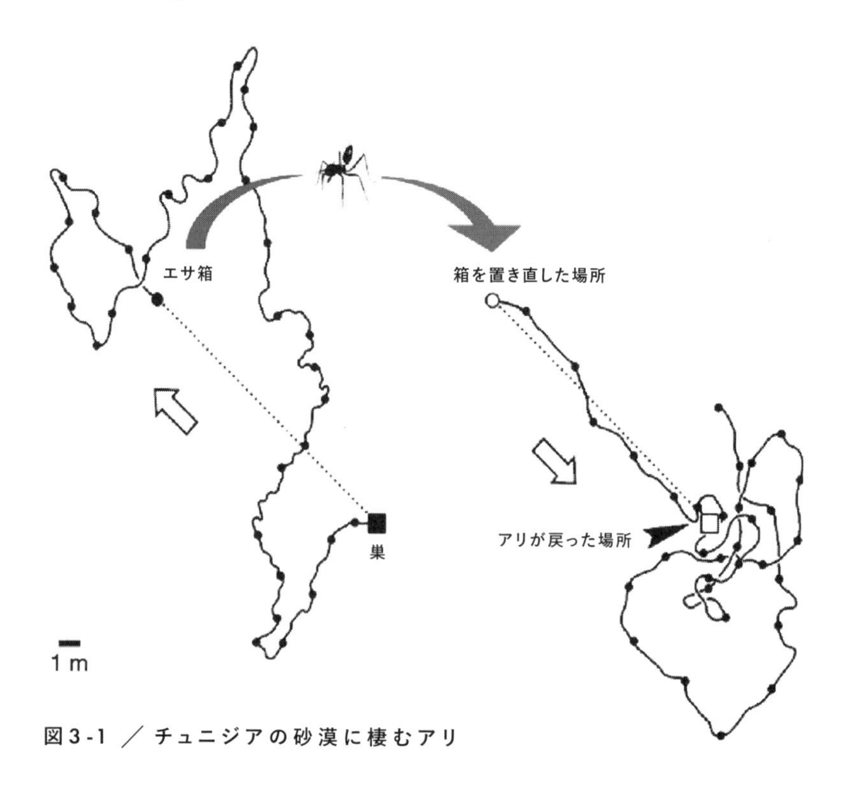

図3-1 ／ チュニジアの砂漠に棲むアリ

それでも、巣のみんなにどうしても知らせを伝えたいアリは、最短コースで戻ろうとする。南東へまっすぐ向かい、エサ箱を動かしていなかったらアリ塚があったであろう場所へ正確に向かう。ほぼ最短距離で移動し、そのあと円の動きで巣を探す（目印が何もないときには有効な戦法だ）。しかし残念ながら、このアリはエサ箱が持ち上げられ、科学者が12メートル動かしたことに気づいていない。それでもこうした動き方から、アリが（太陽だけを頼りに）3次元空間内での方向や移動距離をある程度計算する能力を持っているのがわかる。生物の頭頂葉が、優れた計算能力を持っていることを示す好例と言えるだろう。

現実／仮想空間内での位置特定

私たち人間も、目的地へたどり着くためには、自分の現在地、目的地、到達方法を決める必要がある。そのために使用するのが、哺乳類の脳の皮質の大部分を占める「場所」のシステムだ。

そして、人間が現実世界の空間をマッピングする鋭敏で巧みな能力を持っているのだから、製品やサービスのデザイナーは、この能力を活用してデジタル世界の空間認識をしやすくするべきだろう。

ちなみに

自分を「方向音痴」だと思っている人は、今言ったように、人間の空間認識力は実はそこまでひどいものではないから安心してほしい。たとえば朝、ベッドからトイレへ向かうことは誰だって、何も考えなくてもできる。それに慰めになるかはわからないが、例のアリとは違って、私たちがいきなり車に乗せられて、目印のほとんどない駐車場の真ん中に放り出され、そこから車を見つけて家に帰らなくてはならない羽目に陥ることはまずない。

この本で私が「空間認識」というときは、下のよく似た二つの考え方を合わせたものを指すが、必ずしもその両方を活用しなければならないわけではない。

・3次元空間と動作を利用した現実世界での移動経路を見つけ出すスキル
・仮想世界内で経路を見つけて移動するスキル

両者には重なる部分もあるが、よく考えると、これはある地点から別の地点へ向かうためのシンプルなマッピングではないことがわかる。携帯電話やウェブブラウザをインターフェースに使った現代の仮想世界には、空間認識に使える目印やヒントがほとんどない。だからユーザーにとっては、ウェブサイトやアプリ、AlexaやSiriを使った音声体験のなかでの自分の居場所がはっきりしない場合があるし、目的の場所へたどり着く方法、さらには自分の現在地の地図が常に明確とも限らない。それでも、優れた体験を提供するには、ユーザーに自分の居場所と環境内での移動の仕方をわかってもらうことが間違いなく重要だ。

行ける場所と行き方

現実世界では、明確な案内がなければ目的地にたどり着くのは難しい。空港のゲート番号に、高速道路の案内板、ハイキング道の看板などは、ほとんどの場合、私たちの暮らしを楽にする「道に落としたパンくず」になる。

これに対して、新しいデジタルインターフェースを使って仮想空間を渡るのは、地図もなしにショッピングモールを歩きまわるようなもので、迷子になるのも無理はない。現在地を示す目印がほとんどないからだ。図3-2は私の家の近くにあるショッピングモールの一画で、全体ではこれによく似た通路が8本ある。ここで友人に「シャンデリアの下にあるテーブルと椅子の近くにいるよ！」と言われて、その友人を見つけることができるだろうか。

図3-2 ／ ウェストフィールド・モンゴメリー・モール

さらにやっかいなことに、現実世界の人間は歩けば目的地へたどり着けることを知っているが、デジタル世界では目的地へ着くために取るべき行動が製品（アプリとOSなど）によって大きく異なっている。画面をタップしなければならない場合もあれば、電話そのものを振る、中心のボタンを押す、ダブルタップする、クリックする、右へスワイプするなどの方法もある。

インターフェースのなかには、必要以上に空間認識が難しいものもある。たとえば、スナップチャットをものすごく使いにくいと感じる人は多い（特に若者以外）。あなたも感じたことがあるかもしれないが、スナップチャットでは、ある場所から別の場所へ飛ぶためのボタンやリンクがほとんどないから、どこをクリック、もしくはスワイプすればそこへ行けるかを学ばないといけない。30代以上のほとんどの人にとっては、見つけ方がわからない「隠しコマンド」が満載されているようなアプリだ（図3-3参照）。

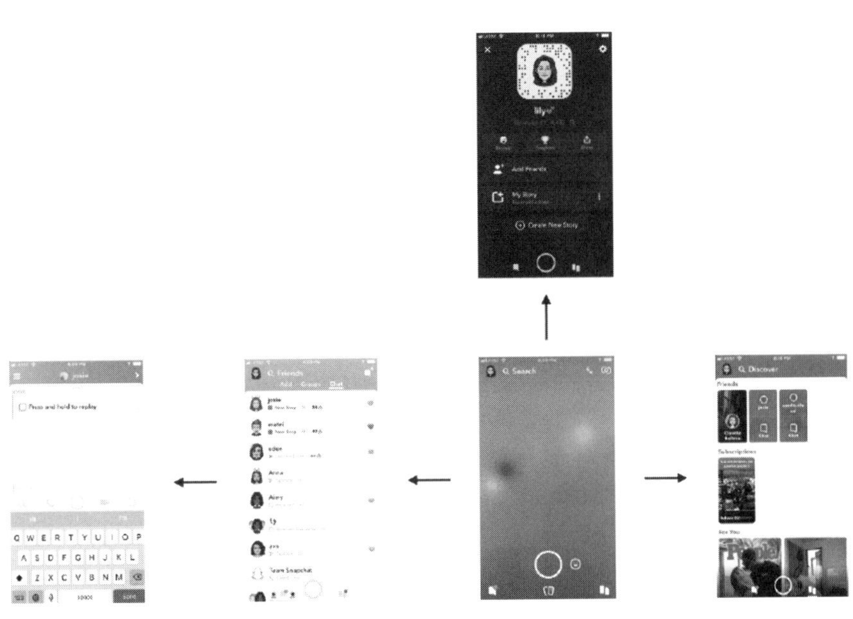

図3-3 ／ スナップチャットのナビゲーション（スワイプ）

ところが2017年にスナップチャットがアップデートされると、このアプリを愛する10代から猛反発が起こった（信じられない人は検索してみてほしい）。それは、空間認識に関するこれまでの想定が通用しなくなったからだった。その後、会社は必死で変更を元に戻し、ユーザーの想定をなるべく裏切らないようにした。つまり製品やサービスをデザイン、または再デザインする際は、ユーザーの想定に沿ったものを作って最高の体験を生み出さなくてはならない。想定を裏切ると、たいてい体験は台無しになる。

現実世界に似た場所に近づくほど、仮想世界はわかりやすくなる。私たちはその理想に近づいていて、拡張現実（AR）や仮想現実（VR）が登場しているし、インターフェースの端からはみ出したタイルのようなヒント（たとえば、ピンタレストの画像は画面に収まりきらずにはみ出している）があれば、横にスクロールすればいいことがわかる。それでも、現行のインターフェースを改善する方法は山ほどある。バーチャルのパンくずやヒント（サイト内の項目ごとに背景色を少し変えるなどの工夫）のような基本的な部分も、案内としてはじゅうぶん役に立つ（例の近所のモールにも導入したいくらいだ）。

そのなかでも、プロダクトデザイナーが活用しきれていないと感じるのが、人間の3次元空間の認識力だ。もちろん、ユーザーは仮想空間を「歩く」わけではないが、図3-4のように空間的なヒントを活かすことはできる。この図では、奥へいくに従って車が小さく、歩道が狭くなって遠近感を生み出している。これは私たちがデザイナーとして、また人間として誰もが持っている、基本的には「無料の」自動認知システムだ。しかも、こうした「速い」システムは意識的な処理という負荷のかかる活動を行うことなく、自動的に機能する。ここには興味深い未活用の可能性が大量に眠っている。

図3-4 ／ 視覚を使った遠近法

インターフェースをテストし、やりとりのメタファーを明らかにする

現時点で一つわかっているのは、インターフェースは実際にユーザーに使ってもらい、デザイナーが生み出したメタファー（ユーザーが現在地を理解し、製品とやりとりする際に使う目印や行動）が明確かを明らかにするテストが非常に重要だということだ。テストの重要性は、タッチスクリーンのノートパソコンが出始めたころのある実験で証明された。そうしたデバイスをユーザーがどう使い、アプリやサイトといった仮想空間を移動しているかを調べたところ、デバイスをはじめて手にしたテスト参加者は、図3-5のように、現実世界のメタファーを直観的に使い、選びたい場所をタッチしたり（写真の右上）、物理的にめくるようにページを上下にスワイプしたり（左下）、入力したいエリアを押したりした（左上）。

図3-5 ／ タッチスクリーンのノートPCを使ったユーザーの最初の反応

ところが、私が実施するテストでもよくあるように、実験ではユーザーの想定外の行動も明らかになった（図3-6参照）。

今回の場合、被験者は画面の端に両手を添え、両方の親指を使ってインターフェースを上下にスライドさせた。これはまったく予想外の行動だった。

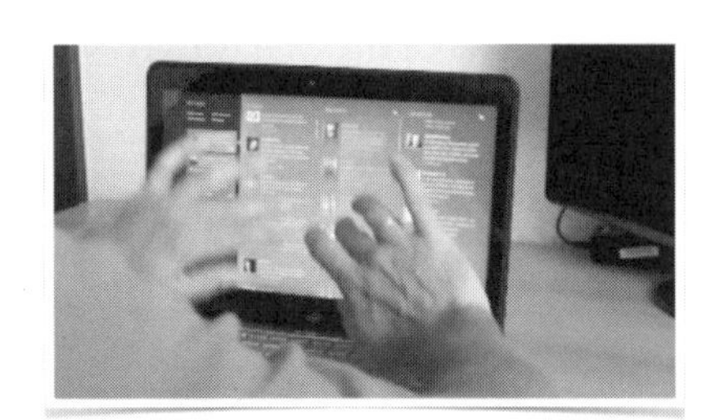

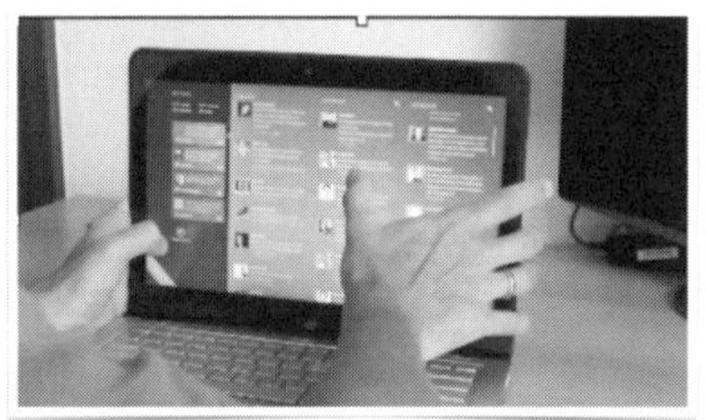

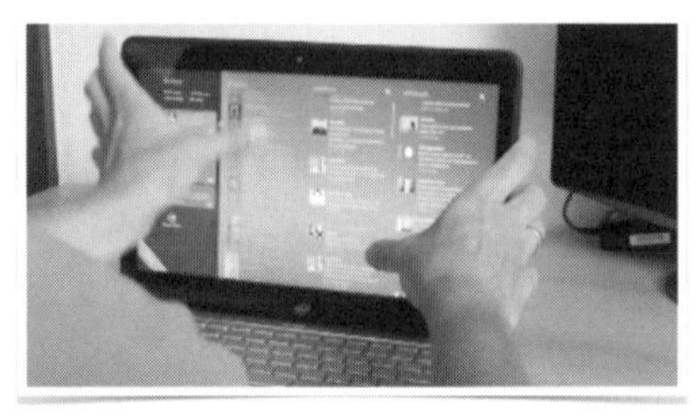

図3-6 ／ 両手の親指を使ったタッチスクリーンの操作

その結果、テストでは二つのことが判明した。

・ユーザーが新しいツールをどう使うかを完璧に予測することはできない。だからこそ、プロダクトは実際に使うユーザーにテストしてもらい、行動を観察することがとても重要になる
・大切なのは、ユーザーが仮想空間でどう動くか、どんな動き方が許されると思っているかを知ることである

テストをすると、頭頂葉の働きも観察できる。

たとえば、ユーザーがネットフリックスやアマゾン・ファイアのような比較的「フラットな」(立体的なヒントを持たない)画面上の映像アプリを使う様子を観察すると、彼らが仮想空間内のメニューをどう移動しようとしているかだけでなく、その空間に対してどんな想定を持っているかもわかる。

現実世界では、ものを動かす際に遅延は起こらない。だから人は、バーチャル空間で何かを選んだときも、システムが瞬間的に反応することを自然に期待する。そのため、図3-7のように自分が目的の場所を「クリック」したのにしばらく何も起こらないと、脳は自然な反応としてまず困惑し、さらにその異常事態に直感的に注目して、目的の仮想体験から引きずり出そうとする。

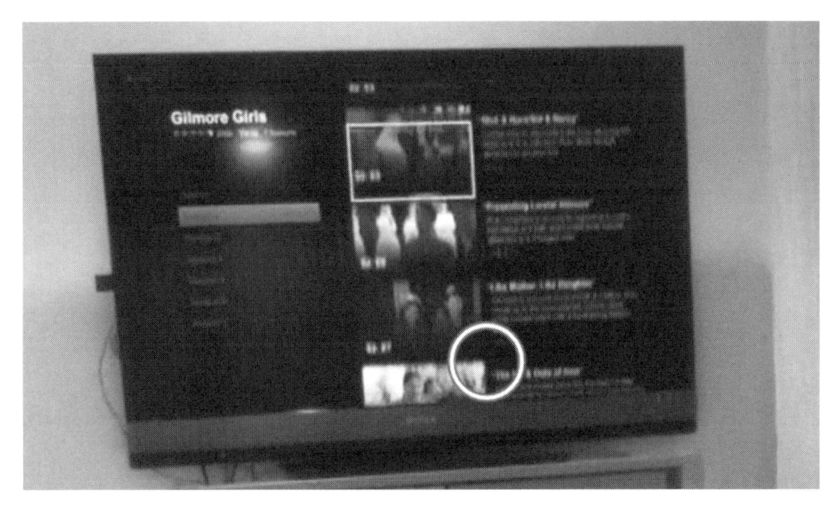

図3-7 ／ 画面上のインターフェースのアイトラッキング

音声インターフェースに「場所」はあるか

グーグルのHomeやアマゾンのAlexa、アップルのSiri、マイクロソフトのCortanaなど、音声で起動するインターフェースは大きな可能性を秘めているが、新規ユーザーはこうしたデバイスに不安を示しやすいことがテストでわかっている。それは、デバイスが自分の声をきちんと訊いているというフィードバックを返す機能がなく、さらにシステムとやりとりする方法とタイミングが、ユーザーが人間同士の交流に期待するものとかけ離れているからだ。

実験では、法人ユーザーと個人ユーザーを対象に、音声インターフェースを用いたツールを順番に使い、使用感を比較してもらった。すると、いくつか大きな課題が浮上した。まず、現実世界で製品を使うときや、画面ベースのインターフェースを使うときと違って、音声インターフェースの場合、自分がシステム内のどこにいるかを示すヒントがない。たとえば音声インターフェースにパリの天気を尋ね、続けて「モナコへの行き方を教えて」と質問した場合、ユーザーはその間ずっとパリのことを考えているが、システムの側が参照範囲の中心を依然としてパリに置いているとは限らない。現時点の音声認識システムは、いくつかの例外を除いて、すべての質問にまったく新しい状態から回答し、会話の流れを汲んで答えることがほとんどできない。先ほどの例なら、ユーザーはパリからモナコへの行き方を訊いているが、機械にはそのことがわからない。

次に、システムが具体的な話題、あるいはAlexa経由でスポティファイを起動するなど、アプリの「エリア」に飛んだ場合、物理空間と違ってその「エリア」へ移動したことを示す目印もなければ、何ができるか、どう操作すべきかの案内もない。これに関しては、アクセシビリティや音声ベースのインターフェースの専門家が、現在の見事な、しかしまだ主流とは言えない音声認識インターフェースをなんとか改善してくれることを願うばかりだ。

いずれにせよ、製品とサービスのデザイナーは、ユーザーを悩ませるパズルを考えるためではなく、問題を解決するためにいる。私たちデザイナーは、ユーザーの仮想空間に対する認識にマッチした商品、ユーザーと機械、あるいはユーザー同士の普遍的なやりとりを踏襲した商品を作ることに全力を注がなければならない。頭頂葉を活用しよう。

参考文献

- Gallistel, C. R. (1990). *The Organization of Learning*. Cambridge, MA: MIT Press.
- M üller, M., & Wehner, R. (1988). "Path Integration in Desert Ants, Cataglyphis Fortis." *Proceedings of the National Academy of Sciences*, 85(14): 5287–5290.

4.

記憶
言語や映像のイメージへの変換

細部を省く人間の脳

直感的には理解しづらいかもしれないが、人間はなんらかの場面を目にしたとき、あるいは誰かとの会話に臨むとき、具体的な細部の大半をそぎ落としながら、極めて抽象的な概念ベースのイメージを頼りに行動や話を進める。そんなことはない、自分は見たものを使って思考しているし、ちゃんと細かい部分も把握しているという人は、次の図4-1のどれが本物のアメリカの1セント硬貨かを当ててみてほしい。

図4-1 ／ 本物の1セントはどれ？

あなたがアメリカ人なら、1セント硬貨を目にしたことは数え切れないほどあるはずだから、見つけるのは難しくないはずだ（この問題と次の問題の答えは章の最後に記載した）。

自分はアメリカ人じゃない、もしくは今さら硬貨なんてめったに使わないからこの問題は不公平だという人も、小文字の「G」なら何百万回と見てきただろう。では、次の図4-2の四つのうち、正しい向きの小文字の「G」はどれか当ててほしい。

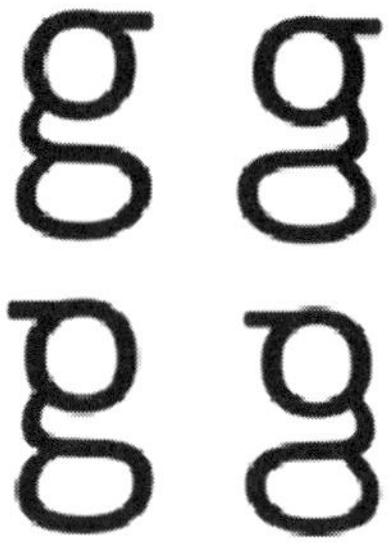

図4-2／
本物の小文字の「G」は？

やってみると、意外に難しいのがわかるはずだ。このようにほとんどの場合、何かを目にした人間は、心のカメラでスナップショットを撮ってから1秒もしないうちに、映像の物理的な細部を破棄し、場面に対する抽象的な概念や固定観念と、それに伴う想定を代わりに使うようになる。

固定観念は必ずしも悪いものではない。辞書には、「決まった、あるいは一般的なパターンに沿った何か」という意味が書いてある。電話（図4-3参照）やコーヒーカップ、鳥、木々など、私たちはほとんどあらゆるものに固定観念を持っている。

こうしたものについて考えるとき、人間は主な特徴の記憶を呼び覚ます。また、固定電話から携帯電話へというように、概念イメージは常に進化する。図4-3の右側の物体を「電話」として思い浮かべるのはそれなりに年齢を重ねた人だけだろう。

脳にかかる負担の点からいえば、人間が目にした電話の形や色、光と影の伸び方を逐一記憶していないのは、理にかなっている。だから頭のなかでは、具体的な電話の例がすぐさま電話の概念イメージに切り替わり、それを使って（1回も見たことのない電話の裏側など）記憶のすき間を埋める。

図4-3 ／「電話」の固定観念

ちなみに

プロダクトデザイナーである我々は、こうした人間の認知の傾向を活用する必要がある。オンラインでものを買うときの流れなど、頭のなかにある抽象概念を呼び出すことで、効果的にユーザーの想定をコントロールし、想定に沿った体験を生み出し、体験の信頼度を高めよう。

やってみよう

人間の記憶がどれだけ抽象的かを示す実験を紹介しよう。まずは紙とペンを用意して、そこに四角い枠を書く（図4-4の空白を使ってもいい）。それからこの段落を読み終え、図4-5を20秒間見つめる（まだペンは持たないこと）。20秒たったら、ページを戻すか隠すかして図が見えないようにし、それからペンを手に取って目にしたものを描き出してみよう。レンブラントのように精緻な、あるいはピカソのように抽象的な絵である必要はないので、目にした物体の大まかな全体像と、配置だけ書き込んでほしい。簡単なスケッチで構わないので、2分で書いてみよう。

図4-4 ／ ここに絵を描こう

はい、スタート。 図4-5を20秒見て（まだ描かない）、2分でスケッチ（カンニングは禁止）を忘れずに。

図4-5 ／ 裏路地の写真

みなさんがどんな絵を描いたか、私にはわからないので（非常にすばらしい作品ができあがっていると思うが）、評価は自分でやってもらう必要がある。元の写真と自分のスケッチを比べてみよう。すべてを描き込めているだろうか。二つのごみ箱に、ごみ箱のふたが一つ。くしゃくしゃになったごみ、そしてフェンス。

そこがクリアーできていたら、今度は少し評価を厳しくしよう。ごみ箱の片方とフェンスの上が、少し見切れている点は押さえられていただろうか。両方のごみ箱とふたの下端が見切れている点はどうだろう。おそらく見過ごしていたはずだ。

この類いの写真を目にした人の多くは、無意識に場面を「ズームアウト」し、脳内にストックされている似た物体のイメージを使って映像を補完する。この例の場合は、フェンスの先を伸ばして先端を足し、ふたを完全な丸にし、二つのごみ箱の見えない端を描き加える。これらはすべて、脳内にあるごみ箱の固定観念や想定の点では完璧に筋がとおっているが、実際に目にした光景とはズレがある。

厳密に言えば、枠の外がどうなっているかは写真だけではわからない。ふたの見えない部分がどうなっているか、フェンスの先がどうなっているのか、確かなことはわからない。場合によっては、次の図4-6のように、フェンスの先にダビデ像の列が見えていることだってある。

図4-6 ／ フェンスの先にこんな像を描いた人はいるだろうか？
（出典：https://flic.kr/p/4t29M3）

心のなかで映像を補完しがちな人間の性質は「境界拡張」と呼ばれる（図4-7参照）。人間の視覚システムは、まるで紙の筒や狭い戸口から覗くときのように、映像の残りの部分を予測する準備をしている。他にも、私たちはさまざまな手法を使って具体的な映像を抽象的で概念的なイメージにすばやく置き換えている。

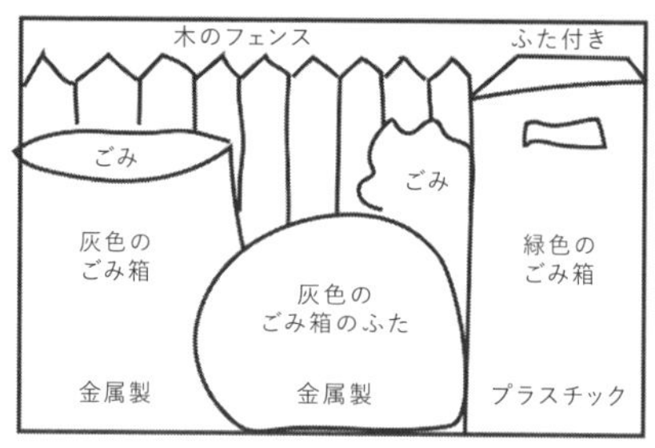

図4-7 ／ 境界拡張の例

この性質は、プロダクトマネージャーやデザイナーにとってどんな意味があるのだろうか。一番大きいのは、人間の行動や行動原則の大部分が、実際に網膜の奥に光が当たったときに見える映像よりも、想定や固定観念、予測に基づいているという部分だろう。私たち製品とサービスのデザイナーは、そうしたユーザーの隠れた予測や固定観念を発見する必要がある（方法について、詳しくは第II部で解説する）。

サービスの固定観念

このように、人間の記憶は一般的に思われているよりもずっと概念的だ。証人として証言台に立つ際など、なんらかの場面（例：目撃者証言）を思い出すとき、人はたいてい細部を忘れ、意味記憶に頼る。同じことは出来事にも言える。多くの親は、何年も前に子どもに困らされた話を持ち出し、「うちの子はいつも悪さばかりしていた」と不当な評価をする。私は幸運にも「いい子」とみられていた側で、固定観念のおかげで、母の記憶のなかではまったく叱らなくてよかった子ということになっている。

先ほどのごみ箱の写真は視覚的な例だが、固定観念はものの機能や、特定の状況への対応にも当てはまる。これから言語と状況への対応、出来事に関する実例を紹介しよう。

同僚をお祝いのハッピーアワーに誘ったと思ってほしい。英語圏の人間にとって、「ハッピーアワー」は、一方ではおしゃれな装飾の店内や、モダンなスツール、氷の入った幻想的なカクテル、完璧な着こなしのバーテンダーを意味する。しかしもう一方では、ベタベタするバーの床や、1杯2ドルのビール、「何がお望み?」と書かれたいつものTシャツを着た、いつもと同じ「バディー」という名のむっつりした店員なども意味している。

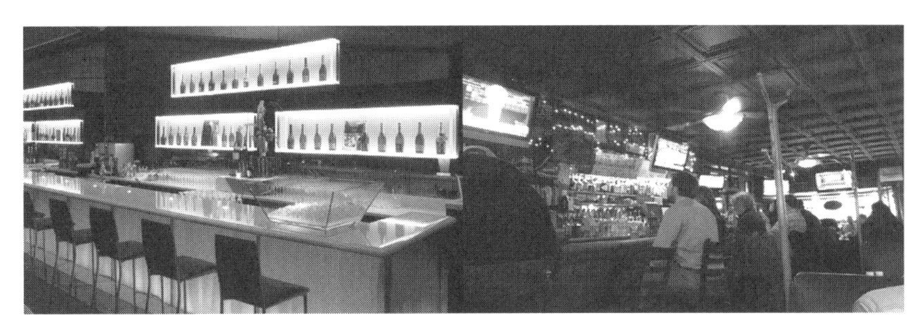

図4-8 ／ あなたにとっての「ハッピーアワー」は?

どちらも「ハッピーアワー」ではあるが、起こる出来事への想定はまったく異なっている。一つ前のスケッチと同じように、ここでも人間は、すぐさま抽象的な心的イメージに跳びつき、座るはずの場所、支払いの方法、するはずのにおい、耳にするであろう音、会うはずの人、注文の仕方などを予想する。

製品やサービスのデザインでは、あるキーワードに対して顧客がどんなイメージを持っているかを把握しておく必要がある。「ハッピーアワー」はそのわかりやすい例だ。製品やサービスとそのデザインに対する想定が、現実とかけ離れていた場合、販売側は、ユーザーの期待を上回るという厳しい戦いを強いられる。

メンタルモデルを理解することの重要性

辞書によれば、メンタルモデルとは「実際の、仮の、想像上の状況に対する心理的なイメージ」を指す。そして製品やサービスのデザイナーにとっては、正しいメンタルモデルを知り、呼び覚ますことが大きな時間の節約になる。顧客体験関連ではめったに耳にしないかもしれないが、ターゲットユーザーとのあいだに信頼を築き、指示が必要な場面を減らすには、適切なメンタルモデルの把握と活用が欠かせない。

ケーススタディ　「週末」の概念

経緯：とある金融機関と取り組んだプロジェクトで、私たちのチームは消費者層で分けた二つのグループを対象に聞き取り調査を行い、お金をどう使い、管理し、やりくりして人生の目標を達成しているかを探った。一つめのグループは未婚で子どももいない若手の社会人、二つめのグループはもう少し年を重ね、小さな子どものいる人たちとし、週末に何をしているかを尋ねた。それぞれの答えは図4-9のとおりだ。

結果：「週末」という概念と結びついた言語イメージは、グループによって大きく異なっていることが確認できた。各グループにとっての「週末」の意味、そして時間の価値や使い方、ぜいたくの中身などを調査したところ、グループによって考え方にかなり差があり、それぞれにとっての「週末」のメンタルモデルに従ってデザインを進める必要があることがわかった。顧客の特定の感情を喚起したいときには、このように、メンタルモデルによって使うべき言葉や映像が大きく変わる。

図4-9 ／「週末」を意味する言葉

メンタルモデルのさまざまなタイプを把握する

ここまで読んで、人間は具体的で細かな映像や言葉を頭のなかですぐさま抽象概念に変換していること、そして生み出された抽象イメージは人によって異なることがわかったと思う。しかし映像的、言語的なもの以外にも、メンタルモデルにはものの見方や機械の働きに対する固定観念など、さまざまなタイプがある。

誰かから、見たこともない電話やリモコンを渡されて、「え、どうしたらいいの？　なんで動かないの？　どう使えばいいのかわからない……」と困った経験はないだろうか。これは、頭のなかにある目の使い方や機械の機能に対する想定と、その情報を上書きしなくてはならないという思いがバッティングした際に起こる現象だ。

いずれにせよ、顧客には製品やサービスに対する想定があり、商品はそれに従って作るのが自然だ。一部の例外的な状況を除けば、脳内に保存されている自動的なパターンを活用したほうが楽だし、その分、ほかの部分のデザインに力を入れられる。製品とサービスのマネージャー、デザイナーは次の点を重視する必要がある。

- ユーザーがさまざまに蓄えている概念や自動的なプロセスを理解する
- 頭のなかの想定と商品がずれている場合は、ユーザーの混乱を予測し、対策を用意する

51・52ページの問題の答え

問題：図4-1の本物の1セントは？

答え：一番右上。間違った人も、仲間はたくさんいるのでご心配なく。12種類どれも、間違ってそれが本物だと答える人はそれなりにいる。

問題：図4-2の本物の「g」は？

答え：一番左上。

参考文献

- Intraub, H., & Richardson, M. (1989). "Wide-Angle Memories of Close-Up Scenes." *Journal of Experimental Psychology: Learning, Memory, and Cognition*. 15(2): 179–187 *http://doi.org/10.1037/0278-7393.15.2.179*
- Wong, K., Wadee, F., Ellenblum, G., & McCloskey, M. (2018). "The Devil's in the g-Tails: Deficient Letter-Shape Knowledge and Awareness Despite Massive Visual Experience." *Journal of Experimental Psychology:Human Perception and Performance*. 44(9): 1324–1335 *http://doi.org/10.1037/xhp0000532*

5.

言語
人それぞれの「意味」

フランスの哲学者ヴォルテールは「言語は言葉にするのが非常に難しい」と言ったが、ここではがんばって説明してみたい。

この章では、ユーザーがどんな言葉を使っているか、ユーザーの言葉を理解したうえで製品やサービスをデザインすることがなぜ重要かを解説する。

言葉と意味の対照

前の章では、ある概念に対する脳内イメージを扱ったが、人はそうした概念を、対応する言葉としても脳内に蓄えている。言葉と意味は同じものだと思う人は多いが、実際は違う。言葉とは、概念的な意味と結びついた形態素と音素、文字の連なりで、意味とは単語に割り振られた抽象概念だ。英語の場合、文字や音と意味とのあいだに関連性はなく、単語を構成するアルファベットは、規定の形で並んでいなければ意味を持たない。「rain(雨)」と「rail(柵)」は構成するアルファベットが三つまで共通しているが、対応する意味がほとんど同じかといえば、そんなことはない。というより、アルファベットの連なりと、そこに割り振られた意味とは基本的に無関係だ(図5-1参照)。

しかも、どの言葉にどの意味が対応するかは、人によって異なる場合がある。この章では、ターゲットユーザーが違えば使う言葉も変わり、同じ言葉でも意味合いが変わる点に着目する。言語がこうした性質を持っているからこそ、製品やサービスのデザインでは、言葉がどう使われているかをよく調べ、参考にすることがとても大切になる。

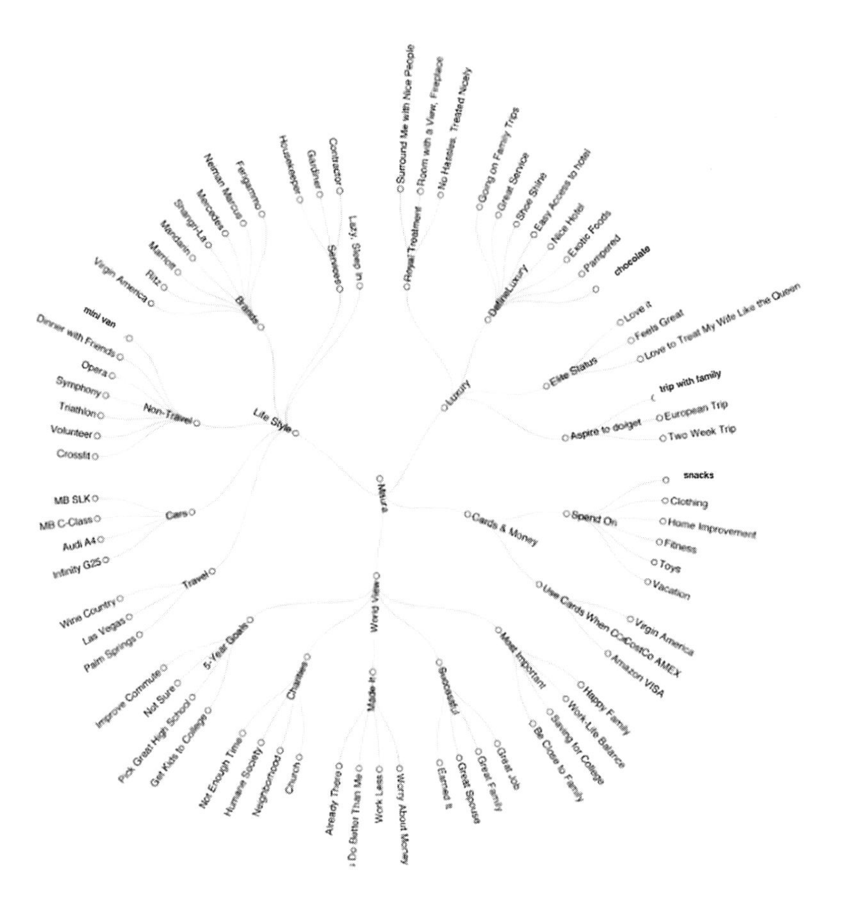

図5-1／セマンティックマップ

それぞれの「言語」

私たちは、人間の口から出る言葉は誰にとっても同じ意味を持っていると思いがちだ。本当にそうなら人生や人間関係、デザインはもっとずっと楽なのだが、実際はそうではない。前の章で見た抽象的な記憶と同じように、言葉と概念との対照は、思うよりずっと、個人や集団によってまちまちだ。だから何が違うのか、どこが特別なのかに着目すれば、相手のことがずっと理解しやすくなる。ほとんどの顧客はそのことを自覚せず、「言葉は言葉」であって、指す内容は自分の信じる意味だと思い込んでいる。だから製品やサービスが予想外の言葉を使い、言葉に予想外の意味を持たせていると、ショックを受け、不審に思う。これは文化的なもの（「BAE：before anyone elseの略。SNS上などで恋人を呼ぶときに使う」）でも、カジュアルなトーンのもの（「お前、あいつ」）、専門用語（「発語失行」）でも変わらない。

たとえば、「頭を使えよ」という言葉は、バカにされたと思う人が大半だろうが、もっと集中して考えなさいというアドバイスと捉える人もいるかもしれない。また、認知科学者は「頭」という言葉を不正確なふざけた言葉だと感じるかもしれないが、普通の人に「背外側前頭前野を使えよ」と言っても意味が通じないか、意味を成さないか、怖がられるのがオチだ。このように、相手が想定している文体を外れると信頼を失いかねない（表5-1参照）。

表5-1／理解の深さを明らかにする際に使う言葉

一般人	認知科学者
脳卒中	脳血管障害（CVA）
アイスクリーム頭痛	一過性脳虚血発作（TIA）
額の真ん中にある脳の部位	前帯状皮質

同じことはメールにも言える（図5-2参照）。英語圏では若者が「SMH」や「ROTFL」をメールで使うが、その意味がわからない人も多い。文化や年齢、生まれ育った場所などのさまざまな違いが、脳内での言葉の意味、さらには脳内辞書（脳内「目録」）に項目が立っているかに影響する。

表5-2／一般的な言葉遣いと若者言葉

大人のメール	若者のメール
もうすぐ帰ります	BRB（I'll be right backの略）
めちゃくちゃおもしろい	ROTFL（Rolling on the floor laughingの略）
言わせてもらうと	FWIW（For what it's worthの略）
個人的には	IMHO（In my humble opinionの略）

意思の疎通が欠けていたようだ

B2Cのコミュニケーションの齟齬は、企業側が専門用語を使いすぎて顧客を混乱させたときに起こりやすい。そしてそれは、信頼喪失と関係の途絶につながる。パソコンの意味不明なエラーメッセージを目にしたり、聞いたことのないものの入力を求めてくるオンラインの登録フォームにイライラさせられたりした経験はないだろうか（医療保険の加入に関する質問には、実際に「あなたのFBGL［空腹時血糖値のこと］はmg/dlでいくつですか？」というのがある）。

こうしたコミュニケーションミスは、ビジネス中心の視点でものを考えると起こりやすい。そうした視点でデザインを行うと、専門用語が満載の商品を作ったり、やたらとしつこいブランド戦略を立てたりして、顧客から怪しまれるのだ（「ベンティ」サイズと「トール」サイズはいったい何が違うんだろう？）。顧客にリーチするには、社内の知識レベルはいったん忘れ、自社の商品や活動に対する顧客の理解度を把握したうえで、そのレベルで意味を持つ商品を示すことが大切になる。

ちなみに

この項目の小見出しが、映画『暴力脱獄』のセリフ［"What we've got here is failure to communicate"］からの引用なのに気づいた人はいるだろうか。気づくかどうかは、60年代ポール・ニューマン作品に対する知識や年齢、育ちなどで変わってくるだろう。ミレニアル世代の心に訴える小見出しが必要なら、『暴力脱獄』ではなく『マトリックス』からセリフを選んでいたはずだ。

理解度と言葉遣いの関係

顧客の専門知識のレベルは、どんな言葉を使っているかでわかる。たとえば保険会社の人間は「PLUPに入っているか」を訊いてくることがある。しかし、彼らにとってごく普通のPLUPという用語は、何割かの一般客にとってはまったく意味不明な言葉だ（念のために書いておくと、PLUPはPersonal Liability Umbrella Policy［アンブレラ賠償責任保険］を指す。最初に聞いたときはprotect you from rain and flooding［豪雨と洪水から守る水害保険］の略かと思ったものだ）。保険の販売員のような人間は、時間をかけて専門知識を蓄え、分野の用語に慣れ親しんでいく(表5-3参照)。しかし使う言葉が専門性のレベルを表すのであれば、顧客や見込み客にリーチするには、次の二つを理解する必要がある。

- 使っている言葉のレベル
- その言葉に割り振っている意味

表5-3／一般人と専門家との使う言葉の差

一般人の言葉	保険仲介人の言葉
住宅保険	年払
自動車保険	出再保険レバレッジ
賠償責任保険	アンブレラ賠償責任保険(PLUP)

製品の開発責任者やデザイナーは、自分の使う言葉をユーザーにとってしっくりくるものにしなければならない。つまり、顧客の専門レベルを大きく上回る、もしくは下回る言葉は使ってはいけない。整形外科医に話すときと、小学生の子どもに話すときの言葉は違って当然だ。子どもに話すときに専門家向けの複雑な用語を使ったら、相手を混乱させ、身構えさせて、信頼を失いかねない。

だからこそ、アメリカ国立がん研究所は、医療の専門家向けのものと患者向けのもの、二つの定義をがんに与えている。デザイナーも、国立がん研究所のように気持ちよく製品やサービスを使ってもらい、「わかる言葉でしゃべって」と言われないようにしたい。共通理解から生まれる気持ちよさは、信頼関係につながる。

製品やサービスのグローバル展開を考えているなら、正確な翻訳を行い、適切な現地の言葉を見つける必要がある(たとえば、カナダ人にとっての「チェスターフィールド」は、アメリカ人にとっての「カウチ」を意味する)。別の言語に翻訳したり、言葉を置き換えたりする際は、その土地で使われている意味と、こちらの意図した意味を一致させなければならない。

何年か前に観たタイド社の洗剤の宣伝を今も覚えている。「これを使えば、ガレージの油汚れも、作業台の汚れも、芝生の汚れもピッカピカ」。ところが会社は、この謳い文句をインドやパキスタン向けにもそのまま使い、わけのわからないことになっていた。インドやパキスタンの人は、ほとんどがガレージも作業台も芝生もない「フラット（アパート）」に住んでいる。概念の構造がまるで違うのだ。

ユーザーの言葉に耳を傾ける

一つ前の4章で、若い社会人と小さな子どものいる若い親を例に、同じ言葉でも心のなかでイメージする意味が大きく変わってくるという話をしたのを覚えているだろうか。ユーザーを理解するには、こうした調査とその結果がとても重要になる。私たちは、ユーザーがどんな言葉を使っているかを正しく、私見を交えずに知る必要がある。それには「車を買ったら生活はどうなると思いますか？」といったような質問を投げかけなくてはならない。車のセールスマンなら、その答えをよく調べることで、顧客の使っている辞書が自分のものとまったく違うのが実感できる。

顧客が実際に発する言葉に耳を傾ければ、彼らがよく使っている言葉や、持っている専門性のレベル、ひいては想定しているプロセスがわかってくる。それを活用すれば、顧客が期待しているものに近い体験をデザインしたり、プロセスが予想と異なっていることへの注意喚起をしたりできる。

全体的なポイントをまとめよう。いたってシンプルな話で（シンプルに聞こえるだけかもしれないが）、顧客の理解度を把握できれば、彼らにぴったりの専門レベルと用語を備えた製品とサービスを作り出せる。そしてそれができれば、顧客とのあいだに共通理解と信頼が生まれ、最終的には満足度と商品への愛着を高められる。

6.

意思決定と問題解決

意識の登場

ここまで紹介してきた関心の対象のシフト、あるいは言葉と意味との対応などは、意識の影響を受ける部分もあるとはいえ、基本は自動的なプロセスだった。しかしこの章では、意思決定と問題解決という、極めて意図的で意識的な過程を扱う。これまでに扱った項目と比べて、ここでは本人がプロセスを自覚し、コントロールしている。今これを読んでいるあなたも、自分が思考や意思決定について思考していることを把握しているはずだ。

この章では、意思決定者である人間が自分の現状を見極めて目標を定め、そこへ近づくために決断する仕組みを細かく見ていこう。デザイナーがそのあたりを考えることはめったにないが、その傾向を変えられればうれしい。

ちなみに

人間は、完璧に理性的な意思決定をできる生き物などではない。そのことは、いくつもの優れた書籍や論文で紹介されている。ダニエル・カーネマンとエイモス・トベルスキーはその点を実証してノーベル賞を受賞した。次の章では感情をはじめとする意思決定の要因を扱うが、ここではひとまずプロセスに的を絞ろう。

問題の定義

問題解決と意思決定では、いくつかの質問に答えを出す必要がある。一つめが、「問題は何か」、もっと言えば「自分が解決しようとしている問題は何か」だ。これは自分の今いる場所（現状）と行きたい場所（目標）を定める過程を指す。

たとえば図6-1のように、自分が脱出ゲームに参加中で、できる限り早く謎を解いて部屋から脱出しなくてはならないとする。この場合、部屋の鍵を開けるのが最終目標だが、それにはいくつかのサブ目標を達成しなくてはならない。鍵を見つけることもそうだし、鍵が入っているように見えるガラスのキャビネットを開けること、そのために開け方のヒントを発見することもそうだ（今適当に思いついた例なので、答えは特に考えていない）。

図6-1／脱出ゲームでヒントを探す参加者

チェスも大目標のなかにいくつかのサブ目標があるゲームだ。最終目標は相手のキングをチェックメイトすることだが、プレイヤーはゲームの進行に合わせて、そこへ近づくためのサブ目標を設定する必要がある。相手のキングはクイーンやビショップが守っているから、サブ目標はビショップを取ることになるかもしれない。そしてそれには、自分のビショップを使う必要があり、さらにそのためのサブ目標として、ビショップの軌道上の相手のポーンを取らなければならない場合もある。相手の打った手も新しいサブ目標が生まれるきっかけになる。相手がこちらのクイーンを狙っていたり、ポーンが昇格したりするケースもある。いずれにせよ、サブ目標を達成しなければ望みの最終目標へはたどり着けない。

問題のフレーミング

前の章で、初心者と専門家とでは使う言葉がまったく異なるという話をした。意思決定に際しても、素人とプロはまったく異なる問題の捉え方（フレーミング）をすることが多い。

たとえばマイホーム購入をとっても、はじめての人は「買うにはいくらぐらい用意すればいいんだろう?」といった考え方をするのに対して、専門家はもう少しいろいろな要素を検討する。ローンを組めそうか、クレジットスコアはどのくらいか、以前にクレジット払いで問題を起こしていないか、頭金は払えそうか、家は審査をとおるのか、購入前の修繕が必要そうか、今の家主に売る気はありそうか、不動産の所有権はフリーで、先取特権や係争中の問題はないか。

このように、初心者は問題の枠組みをわずか一つの課題（家を特定の価格で買う）として捉えるのに対し、プロは所有権の在処、家の状態の審査、クレジットスコア、売り手の気持ちなど、さまざまな側面から問題を考える。これだけ視点が違えば、問題の定義もまったく別ものになり、判断や行動も大きく異なる可能性が高い。

多くの場合、はじめて家や車を買う初心者は、問題がどれだけ複雑で、どんな決断をしなければいけないかを理解できていないから、本当に解決すべき問題が何かを見定められない。問題の見方が実際よりも単純すぎるのだ。

だからこそ、私たちプロダクトデザイナーは何よりもまず、ユーザーが問題をどう捉えているかを理解する必要がある。それにはユーザーと現場で会い、時間をかけて（たいてい彼らが考えるよりも複雑な）問題の本当の状態を教え、助けなくてはならない。これを「問題の空間の再定義」という。

ちなみに

問題のフレーミングと再定義は本来別の現象だが、ここでは両方が当てはまる例を紹介しよう。オンライン販売している商品の売上を伸ばしたいとき、適切な価格設定のフレーミングができている人は、図6-2の真ん中の写真のように、中間的な値段をつける。これを見た消費者は、349ドルという値段そのものではなく、高すぎでも安すぎでもない「ちょうどいい」選択肢として349ドルのミキサーを捉える。消費者は、こうした価格設定のフレーミングの妙が自分の決断に影響することを、そしてデザイナーはフレーミングにこうしたパワーがあることを意識する必要がある。

図6-2 ／ ウィリアムズ・ソノマのミキサー

端の欠けたチェッカーボード問題

「問題の空間の再定義」のわかりやすい例として、認知心理学者のクレイグ・カプランとハーバート・サイモンなどが紹介している「端の欠けたチェッカーボード問題」がある。基本設定はこうだ。あなたの手元には市松模様の板がある（アメリカ人なら赤と黒の四角が交互に並んだもの、イギリス人なら白黒のチェス盤を想像するだろう。どちらでも支障はない）。一見すると普通のチェッカーボードだが、左上と右下が取り除かれ、マスが64個ではなく62個になっている。手元には他に、2マス分のドミノも31枚ある（図6-3参照）。

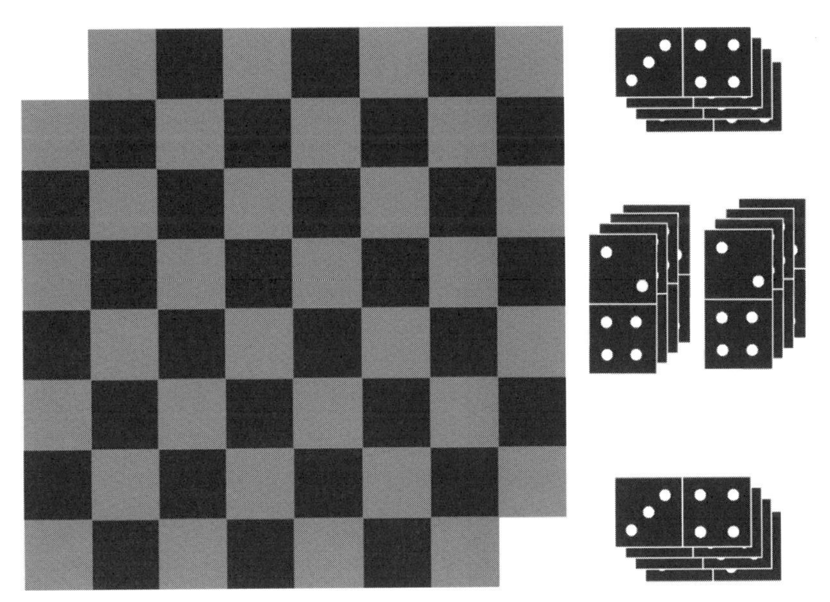

図6-3／端の欠けたチェッカーボード

問題：この31枚のドミノを使って、チェッカーボードの上のマスをすべて埋める（斜めに置くのは禁止）。

問題の空間の移動：この問題を出された人は、ドミノを盤上に置いて解決に乗り出すが、終盤にさしかかったところで必ず行き詰まり、いろいろな置き方を何度も試すことになる（もしドミノを割らずに問題を解けた人がいたら、解き方を送ってほしい）。

問題の定義の難しさ：実は、この問題は絶対に解けない。すべてのドミノを縦か横に並べて置いていくと、必ずどこかで同じ色のマスが二つ斜めに余ってしまう。最初に左上と右下の黒マスを取り除き、赤のマスと黒のマスの数がそもそも同じではなくなっているからだ。素人はこの問題の定義、そして問題の空間を移動する方法を、ドミノを並べながら答えを見つけていくことだと捉える。だからドミノを一つ置くたびに、最終目標へ近づいていると思う。マスが62個で、2マス分のドミノが31枚あるのだから、計算は合うと考える。しかし専門家は、この問題を解くには赤いマスと黒いマスの数が同じである必要があると瞬時に気づき、わざわざドミノを並べて考えたりはしない。

問題解決の道のりの発見

すでに述べたとおり、問題解決とは、最初の状態から始めて目標を達成した状態へ至るまで、問題の空間を動きまわることだ。ここからは、そのあたりを詳しく見ていこう。

まず、私たち製品やサービスのデザイナーにとっては、顧客の問題の空間の見方に対する思い込みを排除することがとても大切になる。問題の空間の専門家である私たちは、その空間の移動の仕方を完全に把握しているから、どんな判断と行動をすべきかは明白だと思っている。ところが同じ問題でも、専門知識の薄い顧客にとっては、見え方がまったく違う。

チェスのようなゲームでは、行動の結果はともかく、どんな行動を取れるかは参加者全員がはっきりわかっている。ところが医療のようなほかの分野では、取れるステップが常に明確とは限らない。こうしたプロセスのデザイナーは、ユーザーが自分の進める「イエロー・ブリック・ロード［成功への道］」をどう見ているかを知る必要がある。最初の状態から目標へ到達するために、どんな道のりをたどろうとしているのか。どういった大きな決断が必要だとみなしているのか。彼らの思い描く道のりは、専門家が想定している、あるいは行けると思っている道のりと違っていないか。ユーザーの視点を理解できれば、初心者の思考を徐々に洗練させる製品やサービスを作り出せる。そうした商品は、ユーザーに情報を与え、判断力と次の出来事に対する予測力を高める。

サブ目標 —— 道の途中に立ち塞がる障害

ターゲットユーザーにとっての問題の定義を理解することがどれだけ重要かはわかってもらえたと思うので、次は彼らが行き詰まった場合の話をしよう。つまり、道を塞ぐ「障害物」をユーザーに乗り越えてもらうにはどうすればいいのか。ユーザーの多くは、最終目標は見通せるが、そこへ至るまでのサブ目標、そしてサブ目標を解決するための手順や選択肢は見えていないことが多い。だから、デザイナーの手で示す必要がある。

章の冒頭の脱出ゲームの例で紹介したように、障害物を乗り越える一つの方法が、サブ目標の設定だ。部屋から出るには鍵が必要だと考え、ガラスの箱に入っている鍵を見つけ、箱には南京錠がかかっていることに気づく。そうやって、新しいサブ目標として南京錠を外すことが設定される（そうすれば箱が開き、部屋のドアも開けられる）。

サブ目標は、ユーザーが答えを出すべき疑問と考えてもいい。カーリースをする場合、顧客はいくつもの質問に答える必要がある。年齢はいくつか、信用度はどのくらいか、毎月のリース代を払えるか、保険には入れるかといったことを、最終的な質問（車をリースできるか）に答える前に考えなくてはならない。サービスのデザインでは、こうしたユーザーのサブ目標やサブ質問の候補に対応し、お金を払う準備ができたとユーザーに感じてもらわなくてはならない。重要なのは小さな疑問を順番に、筋道立てて解消していくことだ。

要するに、製品やサービスのデザイナーは、次の4点を理解する必要がある。

- 問題解決、もしくは意思決定に必要な実際の手順
- 問題や意思決定、問題の解決方法に対するユーザーの捉え方
- 「障害物」を乗り越えるため、ユーザーが作り出す可能性のあるサブ目標
- ターゲットユーザーの思考を分野の初心者から専門家へ変える（問題の空間とサブ目標の捉え方を変える）方法

さて、ここまでは意思決定と問題解決を論理的かつ理性的な視点で、言い換えるなら「理にかなっているか」で考えてきた。次の章では、意思決定と密接に絡みあった感情について考えていこう。

参考文献

- ダン・アリエリー著、熊谷淳子訳、『予想どおりに不合理：行動経済学が明かす「あなたがそれを選ぶわけ」』、早川書房、2013年
- ダニエル・ピンク著、大前研一訳、『モチベーション3.0　持続する「やる気！」をいかに引き出すか』、講談社、2010年
- リチャード・セイラー、キャス・サンスティーン著、遠藤真美訳、『実践　行動経済学　健康、富、幸福への聡明な選択』、日経BP、2009年

7.

感情

論理的な意思決定のライバル

前の章では、人間を完璧に理性的で、毎回正しい判断を下す生き物として扱った。もちろん、みなさんはそういう人だと思うが、ほかのほとんどの人は論理を無視して心の近道を使いがちだし、余裕がなくなれば、経験則に頼って「サティスファイシング」を行う。つまり、よく考えて意思決定を行うのではなく、思い出しやすく、正しいように感じる選択肢を選ぶ。

製品やサービスのデザインでは、ユーザーのさまざまな感情を考慮することが大切になる（図7-1参照）。つまり、商品を使うユーザーがどんな気持ちになるかを考えようということだ。もっと言えば、デザイナーは顧客の心の奥底にある目標と願望（製品やサービスを通じて達成したいこと）、さらには最大の恐怖（意思決定で重要な役割を果たしているのであれば、こちらも考慮すべきだ）を理解する必要がある。

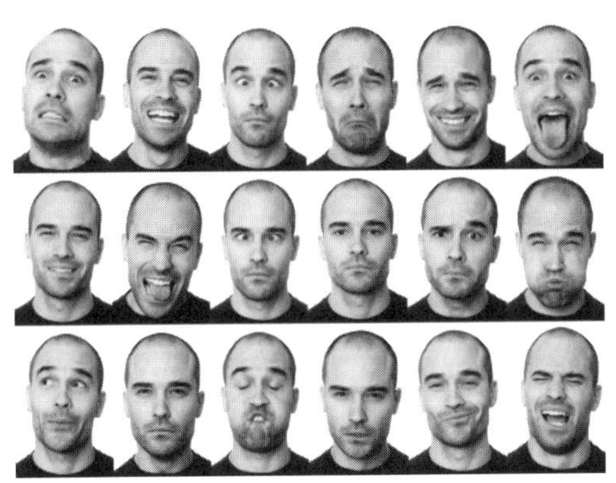

図7-1 ／ いろいろな感情

作業記憶の容量オーバー

以前の章でも紹介したダニエル・カーネマンの『ファスト＆スロー』では、人間の注意力と精神的な労力がテーマになっている。カーネマンはこの本のなかで、静かな部屋に一人きりでいる人は、常に極めて論理的な判断ができると述べている。ところがラッシュアワーにニューヨークの地下鉄のプラットフォームに立ち、誰かが近くで叫び声をあげ、子どもに腕を引っ張られている状況では、判断が鈍る。注意力が散漫になり、作業記憶が別のものでいっぱいになるからだ。

ハーバート・サイモンが生み出したサティスファイシングという考え方は、使える（思い出せる）選択肢のなかから、必ずしも理想的とは言えないが、限りある認知リソースを使ってその場で決断を下すという観点では満足できそうなものを受け入れる過程を指す。神経質になっていたり、感情が高ぶっていたりなど、脳に負担がかかっている状況では、人間はパッと利用できる直感的なつながりや判断に頼りがちになる。

これは当たり前の話で、他のことで頭のなかがいっぱいであれば、判断力は大いに鈍る。普通の状態なら、17-9の答えはすぐにわかるし、A・K・G・M・T・L・S・Hというアルファベットを順番に覚えて口に出してくださいと言われても、すぐに繰り返せる。ところがその順番を覚えたまま17-9はいくつかと訊かれると、数学恐怖症の人と同じように、答えを間違えやすくなる。数字を扱うと激しいパニックを起こし、感情的になる人は、作業記憶の容量が不安でいっぱいになり、理性的な判断ができなくなって、サティスファイシングのような作戦に頼る。

世の中には、この手法を悪用して消費者に最適ではない判断をさせている企業がある。カジノが光や音楽やドリンクでいっぱいで、時計などの時間を示すものがどこにもないのは、客にギャンブルを続けさせるためだ。カーディーラーが「何ができるか店長と相談してまいります」と言って客をしばらく待たせ、戻ってきたら車を買うか、買わないかをすぐ決めるよう促すのもそれが理由だ。判断はいったん保留して、一晩考えてみたらどうかと勧めるカーディーラーなどいない。しかし感覚任せの判断をしないためには、いったん冷静になって考える必要がある。

人間はミスター・スポックではない

意思決定の仕組みがだんだんわかってくると、その分野の研究を生業としている人たち（心理学者や行動科学者など）は、『スタートレック』のカーク船長の理性的な相棒、ミスター・スポックのような論理的で冷静な判断をいつも下しているように思うかもしれない。しかし私たちのなかでは、常に理性的なシステムと感覚や感情とのせめぎ合いのなかで意思決定が行われている。大脳皮質の下にある脳の中心部は、論理を無視して感情に従いなさいという強烈な指令を発している。

認知心理学者は当初、意思決定というのは単純なプロセスだとみなしていた。これまで話したような知覚や意味論、問題解決といった「頭」の部分にばかり注目し、感情という重要なピースを見過ごしていた。ところが1996年、ジョセフ・ルドゥーが著書『エモーショナル・ブレイン』のなかで、これまでの認知心理学は物事を非現実的なほど単純化してきたと反論した。人間が論理から外れるケースは無数にあり、また脳の奥にある原始的な「トカゲ脳」が意思決定に影響するパターンも無数にある――。ダン・アリエリーは『予想どおりに不合理』のなかでそのことを実証した。

感情は、さまざまな形で人間に影響する。たとえば、人間の損失を嫌がる気持ちは、何かを獲得することを好む気持ちよりも強い。これはさまざまな実験で証明されている。「人は何かを手に入れたい状況ではリスクを嫌い、何かを失いそうな場面ではリスクを追う傾向がある」とアリエリーは言う。勝利の喜びよりも敗北の痛みのほうが強いことを知っている私たちは、お金を含めたさまざまな判断の場面で理性的にはなりきれない。宝くじを考えると、そのことが直感的に理解できる。2ドルの当たりしかない1ドルの宝くじを買おうとする人はまずいない。誰だって、当たりは1万ドルとか10万ドルであってほしいと思い、それだけのお金があったら何ができるだろうと、なんとも感情的な想像をする。しかしその一方で、くじが外れて1ドルを無駄にしたらと想像するだけで、喪失感を味わったりもする。

しかしアリエリーは、そうした人間の不合理な部分は予測可能だと証明し、人間は論理的に正しい判断から体系的に外れる生き物だと主張する。「人は常に過剰に支払い、過少に見積もり、判断を先延ばしにする。しかし、こういう見当違いの振る舞いは無作為でも、無意識的でもない。体系的かつ予測可能で、だからこそ人間は予想どおりに不合理なのだ」。

関心の奪い合い

脳の容量は、先ほど例として紹介した地下鉄のプラットフォームなどの状況によってもいっぱいになるが、感情も容量を圧迫する。

論理からの体系的な逸脱については、無数の研究があり、この本でそのすべてを取りあげることはできないが、要点は伝えられる。それは、理想的な条件（時間的なプレッシャーがない、部屋が静か、集中する時間がある、その他のストレス要因がない）を整えれば、人は論理的な最高の判断ができるが、現実にはそうやってじゅうぶんに集中するのは難しく、論理的な判断もできないということだ。だからかわりにサティスファイシングという近道を使って判断する。ていねいな思考のかわりに「仮定の話として考えたときに、自分が与えられた選択は理想に近いものだろうか」といった考え方をする。

カーディーラーと値段交渉をしていると思ってほしい。一緒にいる2人の子どもは、試運転のあいだは行儀よくしていたが、だんだん落ち着きをなくし、心配なことに椅子からずり落ちたり、置いてある物にぶつかりそうになったりしている。あなたもおなかが空いて疲れている。ディーラーは永遠にも思えるほど長いあいだこちらを待たせた末、契約書を携えて戻ってきたが、そこには割引率だとか、ローンの金利だとか、オプション、損害補償、サービス、保険だとかいったことがつらつらと書かれていて、あなたはそうした点を自分で考えて決めなければならない。ところが説明の最中、子どもの1人が椅子から落ち、泣きながらしゃべりかけてきた。あなたはせわしなく体をゆする子どもを抱きかかえながら、セールスマンの言葉に耳を傾けようとするが、目の前の問題（向こうの話がフェアかを判断して、どのオプションを付けるかを決める）に割けるだけの注意力など残っているはずもない。かわりにあなたは、サンルーフを開けて広い道を走っている自分を想像する。そうやって感情は理性を乗っ取る。

プロダクトデザイナーは、ユーザーの理性的で意識的な部分が求めている、論理的な正しい判断の根拠となるデータと、判断に影響する心の奥底の感情の両方を理解しなくてはならない。ターゲットユーザーには、必要な情報を渡してベストな判断ができるようにサポートすべきだし、逆に相手の脳の容量をいっぱいにして混乱させ、感情的な判断を誘発するようなことは避けなくてはならない。セールスマン以外が、情報に基づいた理性的な決断ができるよう「一晩寝かせる」ことを勧めるのは、それが正しいからだ。

感情の奔流は、すべて無意識の世界に属するもので、そして地下鉄でさまざまな情報にさらされて注意力が散漫になるのと同じように、感情もまた、優れた判断に必要な脳のメモリを食い潰す（だから私は、買うつもりのない車に乗ったまま、ディーラーの話を聞くことは絶対にしない。みなさんも、お願いだから絶対にやめてほしい）。私たちの脳内では、さまざまな感情が意識というリソースを奪おうとしている。その奪い合いが激しくなると、人はあとで後悔するような判断をし始める。

心の奥底の願望や目標、恐怖を理解する

金融業界のクライアントからの依頼で、マーケットリサーチを実施した際、私は「一番信頼しているクレジットカードはどれですか？」という当たり障りのない質問から始めて、次に「これから3年間の目標を教えてください」、次に「未来に関する一番の不安要素、あるいは期待はなんでしょうか」というように、段階的に踏み込んだ質問を投げかけるようにした。調査が終わると、多くの参加者が涙を流しながらハグを求めてきて、久しぶりに最高のセラピーを受けた気分だと口にした。八つの質問を通じて、財布のなかに入っているクレジットカードを教えてもらうところから、心の奥底に眠る願望や恐怖を打ち明けてもらう段階へと進んでいった。そうやって話に耳を傾けたのは、次の3点を知りたかったからだ。

・ユーザーの心に今すぐ魅力的に映るものは何か
・ユーザーの生活を向上させ、長期的に大きな価値をもたらすものは何か
・ユーザーの一番の目標や願いは何か

上の二つは、最後の答えを知るための条件になっている。そして最後の一つへたどり着くことができれば、それが商品のセールスポイントになる。ターゲットユーザーの問題を解決する、商品の奥深い意義は何か。だからこそ、CMでは実際の商品が最後まで登場せず、成功を収めたビジネスマンや、家族を大事にする人間、「まだまだ元気な」高齢者など、消費者が思い描くイメージや抱く感情を中心に話が進む。

ユーザーの心にすぐさま訴えかけるもの、長きにわたってユーザーを助けるもの、そして彼らの心の奥底に眠る人生の目標を呼び覚ますもの。その三つを見つけ、活用できれば、意思決定のプロセスで極めて重要な感情のレベルでユーザーの心を掴める。次の章からは、その方法を見ていこう。

参考文献

- ダニエル・カーネマン著、村井章子訳、『ファスト&スロー　あなたの意思はどのように決まるか？』、早川書房、2014年
- ジョセフ・ルドゥー著、松本元、小幡邦彦、湯浅茂樹、川村光毅、石塚典生訳、『エモーショナル・ブレイン―― 情動の脳科学』、東京大学出版会、2003年
- Simon, H. A.(1956). "Rational Choice and the Structure of the Environment." *Psychological Review* 63(2): 129–138.

Part II

顧客の秘密を明らかにするリサーチ手法

ここまで読んできて、注目すべき六つの脳内プロセスについて多くのことがわかったと思う。ここでは念のため、ターゲット顧客に関して考えるべきポイントを確認しよう。

＞ 視野／関心

顧客の関心を惹いているのは何か。顧客が見ているのはどんな言葉や画像、物体か。

＞ 空間認識

顧客は物理空間やアプリ内、仮想空間内で、どう自分の居場所を表しているか。またその空間で、どうすれば人や機械と触れ合い、内部を移動できると思っているか。

＞ 記憶

顧客が体験を理解するための枠組みとして使っている過去の体験は何か。どんなメンタルモデルや固定観念をもとに、物事の仕組みや今後の出来事を想定しているか。

＞ 言語

顧客はどんな言葉を使っているか。その言葉と、彼らが割り振った意味との対応から、顧客の専門知識のレベルはどう推察されるか（ひいては、企業側からどんな接し方をされてほしいと思っているか）。

› **意思決定**

顧客が解決しなければならないと思っている問題は何か。その考えと、問題の実態とのあいだに差はあるか。どうすれば解決できると思っているか。大きな問題を解決するのに必要なサブの問題は何で、それを解決するために顧客はどんな判断をしなければならないか。

感情

顧客の心の奥底にある目標や願望、恐怖は何か。それが判断にどう影響しているか。顧客はそれらの達成のため、何に気をつけているか。感情は顧客への訴求力にどう影響しているか。

心理学の専門的な訓練も受けていないプロダクトマネージャーやサービスデザイナーが、こうした認知プロセスのすべてをどうやって学べばいいのかと思う人もいるだろう。そんな時間や予算はないとか、製品やサービスのデザインに本当に必要なのかと思う人もいるに違いない。

しかしそうした疑問の答えは、どれも前向きなものだと信じている。まず、心理学者でなくても、顧客が行動している様子を観察し、さらに話を聞けば、個々のユーザーの認知プロセスは理解できる。

さらに、見慣れない機器や莫大な予算、長い研究期間がなくても、定性調査を行えば必ず必要な情報は手に入る。数カ月も必要ない。数週間でできる（大企業や政府機関であっても、年単位の調査は不要だ）。

プロジェクトが予算をオーバーし、予定より時間がかかる一番の理由は、製造の終盤段階や発売直後に必要な機能が備わっていないことがわかり、変更を加えなければならないからだ。しかし顧客のことを深く理解していれば、そうしたポイントを外した商品を作って、時間もコストもかかる再調整が必要になるケースを減らせる。

この第II部では、ユーザーをどう観察し、どう話を聞けば、デザインに必要な情報を引き出せるかを解説しよう。このあたりを直感的にうまくこなしている優れたデザイナーもいるが、スキルを一から身につけるのは時間がかかるから、試行錯誤を重ねなくとも一流デザイナーになれる私の手法にはきっと価値があるはずだ。では始めよう。

8.

ユーザーリサーチ
コンテクスチュアル・インタビューのやり方

マーケットリサーチの分野では、これまでに数々の手法が生まれてきた。テレビドラマ『マッドメン』に出てきたようなフォーカスグループ調査をすぐ思い浮かべる人もいるだろうし、大規模なサーベイを考える人もいるだろう。あるいはあとで紹介するような、デザイン思考のアプローチを使ったエンパシーリサーチを試したという人もいるかもしれない。

ただ、フォーカスグループやサーベイ、エンパシーリサーチは参加者の「発言」、場合によっては「行動」の情報を手に入れるには便利だが、行動の裏側にある「理由」についてはわからない。だから、デザインの判断に大きく影響するレベルの細かな分析は難しい。

そこでこの章では、普段どおりに仕事や遊びに取り組んでいる参加者を観察する作業と、聞き取り調査とを組み合わせた別のリサーチの手法を紹介する。すでに定性調査を実施しているという人は、新規の調査にも活用できる興味深いデータをかなり持っているはずだ。未実施の人も、これからすぐに手に入る。この手法は、心理学の博士号を持っていなくても、誰でも実施できる。私の顧客体験や心理学、人類学に関する文章を読んだことのある人にはおなじみの手法で、「コンテクスチュアル・インタビュー」という。

コンテクスチュアル・インタビューを行う理由

コンテクスチュアル・インタビューは、言ってみれば「うしろからのぞき込んで質問を投げかけること」だ。大事なのは、（オフィスでデスクについているとき、あるいはチェックアウトカウンターに立っているときなどの）仕事中、あるいは生活や遊びのなかでの顧客の様子を観察することだ。

デジタル商品の発売に予定よりも時間と費用がかかりがちなのは、ユーザーのニーズと製品の機能とのあいだにミスマッチがあるからだ。デザイナーは顧客のニーズを知る必要があるが、いくつかの理由から、残念ながらただ尋ねるだけではニーズはわからない。

まず、たいていの顧客は今やっていることを、今までよりも楽に続けたいとだけ思っている。ところが浮世離れしたデザイナーは、今の常識を無視して商品の可能性を追求し、今までとはまったく別の、もっと効果的で楽しい画期的な商品を夢想することがある。そうやって、未来を思い描くのは顧客ではなく自分たちの役目だと思い込んでしまう。

次に、人間の振る舞いのなかには、無意識的で繊細なものが数多くある。仕事をしているとき、遊んでいるときのユーザーを観察すると、ユーザー自身も気づいていない問題、あるいは不合理な振る舞いが見つかる場合がある。ユーザーが自覚していないのだから、聞き取りで話題に上るはずがない。

いくつかのアプリを同時にせわしなく使いながら、同僚とコミュニケーションを取ろうとしているミレニアル世代を観察したときのこと、参加者はアプリをかわるがわる使っていたことはまったく報告しなかった。つまり、彼らはそれを意識的にやっているわけではないのだとわかった。これは、その場で積極的に観察していなかったらまったく気づかなかった振る舞いだろうし、見過ごしていたら致命的なデザインの欠陥につながっていたはずだ。

現行の（欠陥のある）システムを機能させたいのなら、「スーパーユーザー」、つまり自分たちの製品やサービスを心から必要としているユーザーを観察する労は絶対に惜しんではいけない。詳しくはまたあとで話すが、「その瞬間」のユーザーの観察は、リーン思考で言うところの「GOOB（Getting Out Of the Building、オフィスを出てユーザーを見に行こう）」と似ている。現場で観察すれば、ユーザーの状況（コンテクスト）が本当の意味でわかる。

さらに、「その瞬間」に観察しなければ、顧客は優れた体験を生み出すのに欠かせない、重要な細部を忘れてしまうことが多い。記憶はコンテクストに大きく左右される。しばらく訪れていなかった小学校を再訪した人は、そこへ行かなければ思い出さなかったはずの子ども時代を思い出す。状況がきっかけになって記憶が呼び起こされるからだ。同じことが顧客とその記憶についても言える。心理学や人類学の分野では、人々を現場で観察して活動形態を知るやり方は目新しいものではない。企業もそのことに気づき、ユーザーの生活ぶりやコミュニケーションの取り方、仕事の進め方を研究するスタッフ、通称「リサーチ・アンスロポロジスト」を抱える会社も増えている（おもしろいことに、サイボーグ人類学者を自称する研究者もいる。モバイル端末に頼りきりな現代人は、みな一種のサイボーグで、サイボーグ人類学を実践しているというわけだ）。

人間行動学の研究者集団、スタジオDの創設者にして所長でもあるヤン・チップチェイスは、ノキアに対する人類学的な研究で名声を高めた人物だ。彼は「許可を得たうえでのストーカー行為」（ほら、私だけじゃなかった！）と自ら呼ぶ調査を通じて、ウガンダの人たちが携帯電話をシェアするため、緻密かつ親密な融資制度を作りあげたことを発見した。

> これほど優雅で、現地の状況と完璧に調和したものは、私にはデザインできなかっただろう。賢明な人間であれば（このイノベーションの）実態に目を向け、どうすればこんなシステムを作ることができたかを突き止め、デザインする製品とデザイン手法の参考にすべきだ。
> **── ヤン・チップチェイスの2007年3月のTEDトーク「携帯電話の人類学」より**

チップチェイスは製品を作り、ビジネス的な視点で思考するための道具として、古典的な人類学を使っている。次は、そうした調査をどう実施すればいいかを解説しよう。

エンパシーリサーチ──ユーザーの本当のニーズを理解する

チップチェイスのアプローチのほかにも、しばしユーザーの身になって、さらには気持ちになって本当のニーズを理解しようという取り組みは多くある。

思い込みを捨てて他者の現実を受け入れる

エンパシーリサーチではまず、顧客のニーズに対する自分や自社の思い込みを捨て、顧客と同じ考え方をする必要がある。デザイン会社IDEOの人間中心設計ツールキットでは、デザイン思考の第一歩としてエンパシーリサーチ、つまり「デザインの対象とする人々の問題や現実を深く理解すること」が挙がっている。私自身は、新薬の開発者、莫大なお金を運用するファンド、遺伝子組み換えヤギを飼育する畜産家、人気ユーチューバー、高層ビル用の「ショットクリート（吹きつけコンクリート）」を何百万ドルもかけて購入しなければならない人たちの世界に深く入り込んできた。そのなかで、そうした人々の身になって考えることができたときほど、分野に眠るチャンスを見つけ出し、最適な製品やサービスのデザインができるようになることを実感していった。

企業側は、自分が顧客だったのは過去のことだという点を忘れてはならない（さらに言えば、あなたの上司が顧客だったのはもう何十年も前のはずだ）。あなたや上司は、顧客の望みやニーズはちゃんとわかっているし、必要な調査も実施していると思うかもしれないが、その考えは間違っている。今のあなたは顧客ではないし、そのことに気づかないまま調査を行っても思うような成果は挙がらない。思い込みが邪魔をして、現在の顧客のニーズに素直に向き合えないからだ。

かつて一緒に仕事をしたクライアントに、もともとは自分が売っている商品のターゲット顧客だった人物がいたが、それはスマートフォンがまだ登場していない、折りたたみ式の携帯電話が最先端だった10年以上前の話だった。クライアントはコンクリート事業の関係者だったが、そのころとは建設現場の様子も、コンクリートの買い方も大きく変わった。だからこそ、自分の想定は脇へ置いて顧客の現実を受けとめ、今日的な課題に取り組むことが重要だった。

以前、引っ越しトラックの駐車許可証を役所へ取りに行ったときのこと、職員は広いオフィスの端に置いてある用紙を取りに行き、もう一方の端まで歩いて行って押印とシール貼りを済ませ、さらにまたオフィスを横断するようにしてコピーを取り、それからやっと私に手渡さなくてはならなかった。その間にも、私のうしろでは順番待ちの列がどんどん長くなっていた。そうした非効率なやり方を見て、どうして三つの作業を一箇所でまとめてやれるようにしないのだろうと思ったものだ。このように、仕事をしている人たちの様子をちょっと観察するだけでも、改善点が不意に見つかる場合がある。しかし職員のほうは、効率の悪さに気づいてもいなかったのではないだろうか。

こうした瞬間は日常生活にあふれている。そういうぎくしゃくしたシステムを見つけたら、いったん立ち止まってよく考えてみよう。地下鉄の券売システムはどうだろうか。病院の受付や、何かのアプリは？ プロセスをスムーズ化する方法はないだろうか。そうやって、観察を始めてみるとやめられなくなる。約束しよう。きっとあなたの子どもや友人、親戚は、その場から「役に立つヒント」を見つけようとするあなたを待たなくてはならない場面が増えるに違いない。

インタビューのコンテクスト

記憶は状況に左右されやすいうえ、顧客が無意識に取っている行動は数多くある。しかし顧客の世界に身をさらせば、こういう以前なら手に入らなかった情報がたくさん手に入る。つまり、ペンシルヴェニア州のど真ん中で農家と会い、ウォール街の投資会社の巨大なスクリーンの前でトレーダーと一緒に座り、ビーチでお金持ちと一緒にハッピーアワーを過ごそうということだ（イヤかもしれないが！）。窓のないオフィスで税務調査を行うスタッフを観察し、有機アボカドのトーストが名物の売店で、ミレニアル世代とおしゃべりをしようということだ。大切なのは、顧客の普段どおりの行動を変えないことだ。

コンテクスチュアル・インタビューを行うと、顧客の机に貼った付せんに書いてある内容や、机の上のどの書類が大事なもので、どれがゴミの山なのか、何回くらい仕事を中断しているか、どんな流れで仕事をしているか（従来どおりの聞き取り調査で話す内容と、実際の仕事の流れはまったく違うことも多い）がわかる。製品とサービスは顧客にとって便利で、喜びをもたらすものであるべきだから、あなたは顧客とその仕事ぶりを観察しなくてはならない。そうやって彼らの世界に深く入り込み、実際に過ごしている1日に近づくほど、商品の質は上がる（図8-1参照）。

図8-1／小さな会社の社長の仕事ぶりを観察する

コンテクスチュアル・インタビューでは、口を閉じてただ観察すべきタイミングもあるが、同時に次のようなテーマに沿った疑問の答えも探らなくてはならない。

- この仕事で自分が成功を収めるには（仮に今観察している人が病欠して、かわりに自分が仕事を任されたら）、何を知らなくてはならないか
- どこから始めればいいか
- 常に頭に置いておくべきことは何か
- ミスが起こりやすい部分はどこか
- パニックを起こす要因になりそうなものは何か

リサーチのポイント

コンテクスチュアル・インタビューでは、次のような点を検討する必要がある。

物品

机の上には何があるか（図8-2参照）。それらの管理にどんな書類やファイル、スプレッドシートを使っているか。ほかに近くにあるものは何か。

コミュニケーション

仕事でのコミュニケーションやレビューに何を使っているか（メールやソフトウェア、ディスカッションなど）。ほかに社員は何人いるか。

仕事の妨げ

仕事の妨げになっているものは何で、どのくらいの頻度で邪魔されているか。動きまわらなくてはならない頻度はどのくらいか。まわりのうるささはどのくらいか。電話の着信に何回くらい邪魔されているか。ダウ・ジョーンズ工業株価平均を知らせる声がスピーカーからしきりに響いてくるか（これは私がある株式トレーダーを観察した際、実際に経験したもので、その人の職場は常にうるさく、ストレスがたまる環境だった。そのため必要なのは「イージーモードボタン」、つまり仕事をシンプルかつ楽にする仕組みだった）。

関連要素

観察しているもの以外に顧客が手がけている仕事は何か。PCで使用するプログラムはいくつあるか。いつもPCや携帯電話を使っているか。

図8-2 ／ リサーチ参加者の机
（なぜ心理学系の本『影響力の武器』が机の真ん中に置いてあるんだろう？）

サーベイやユーザビリティテストではダメなわけ——調査結果の差

クライアントからはときどき、自分たちでしっかりしたユーザーリサーチを行っているし、サーベイでも何千という回答が得られているから、別のデータは必要ないと言われる。その考えは間違いではなく、ユーザーリサーチのデータから、差し迫った問題が「何か」はわかる（顧客はシステムのスピードアップを求めていて、3ステップ方式に問題がある、あるいはモバイルアプリが使いにくいなど）。しかし製品とサービスのデザイナーは、問題が起こっている「理由」、つまり問題の背後にある原因や原理を突き止める必要がある。

その理由は、顧客がインターフェースのデザインに圧倒されていることかもしれない。あるいは想定と違う状況に直面し、インターフェースの用語に混乱しているからかもしれない。理由は無数にあり、そしてサーベイやチームの同僚との会話から、そうした問題の根本的な原因を推察するのは極めて難しい。顧客が今のような考え方をしている「理由」を知るには、彼らと会ってコンテクストのなかで観察するしかない。

一つ例を紹介しよう。図8-3はとあるユーザビリティテストの調査結果だ。この結果から、参加者が「コードからの移動」に問題を抱えている理由がわかる人はいないはずだ（私もわからない）。従来どおりのユーザビリティテストでは、これと同じような「問題が何か」の情報は手に入る。ユーザーがどんなタスクはうまくこなせて、どれが苦手かはわかるが、「なぜそうか」のヒントはほとんど手に入らない。だからこそ、シックス・マインドを踏まえた調査を行うことが、理由を知る助けになる。

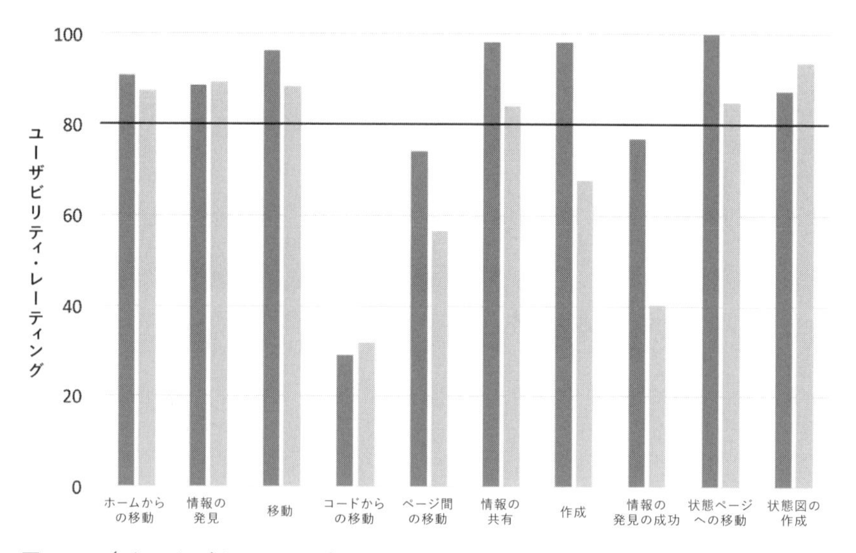

図8-3 ／ タスクごとのユーザビリティテストの結果

コンテクスチュアル・インタビューと分析の方法

何度も言ったように、実際の仕事というコンテクストのなかで顧客を追跡すると、表に出る振る舞いだけでなく、本人も自覚していない微妙なニュアンスがわかる。仕事の進め方は、本人に段階的に見せてもらったほうが、あとで分析する際も正確に振り返れる。

コンテクスチュアル・インタビューを実施するときは、体験のシックス・マインドを念頭に置きながら、ただその状況を体験するだけでなく、顧客の頭のなかにあるさまざまなイメージにも積極的に考えをめぐらせてほしい。

› 視野／関心

顧客は何に注意を向けているか。何を探していて、その理由は何か

› **空間認識**

顧客は現行の製品やサービスのなかをどう移動しているか。どんな使い方をすべきだと信じているか

› **言語**

顧客はどんな言葉を使っているか。そこから彼らの専門知識のレベルがどの程度だと推察できるか

› **記憶**

顧客は製品やサービスがらみでどんな想定をしているか。どんなときに驚き、混乱するか

› **意思決定**

顧客は何を達成したいと言っているか。それは問題のフレーミングにどう影響しているか。どんな決断を下しているか。問題解決を阻む「障害物」は何か

› **感情**

顧客の目標は何か。どんな不安を抱いているか。これから作る製品やサービスは、顧客のニーズや期待、願望をどう満たし、どう目標達成を助けるか

ここまでの解説では、観察対象は主に仕事をしている人だったが、このやり方は一般消費者を観察するのにも使える。製品とサービスの種類にもよるが、観察するのは家でテレビを観る家族でもいいし（もちろん、当人たちの許可を得る必要はある）、ショッピングモールでの買い物や、ハッピーアワー、友人とのコーヒーを楽しんでいる様子を観察してもいい。オフィスへ戻ったときには、きっと予想外なほど大量の顧客に関するストーリーが手に入っているはずだ。

観察はこの手法の一番楽しい部分で、だからこそ正しくこなそうと思うなら、こっそり覗いてはいけない。本人や親から書面での許可をもらったら、詮索好きで好奇心旺盛な人間になって、自分の思い込みに疑問を投げかけよう。私は自分の会社の採用面接では、カフェで人間観察をするのが好きかを訊くようにしている。私はそういうタイプの研究者で、ほかの人の思考や行動、そ

の理由を推察する過程に心を奪われている。なぜこの人はここにいるのか。なぜこういう格好をしているのか。次はどこへ行くのか。何を考えているのか。なぜそんなことをするのか。何がおかしくて笑っているのか。コンテクスチュアル・インタビューをテーマにした文章には、非常に優れたものがいくつかあり、それは章の最後で紹介する。インタビューの細かな部分の解説はそれらの本に任せるが、顧客と顔を合わせる際の基本的な心構えはここでぜひ紹介しておきたい。

› **現場に出るのは観察して学ぶためである**

つまり、自分は注目を集めないようにして現場に溶け込み、自由回答型の質問を投げかけ、自分なりの想定や視点、意見は脇に置く必要がある。これから演じる役のことを勉強している役者になったつもりで、あるいは育児休暇を取る顧客の仕事をかわりに任されたと思ってほしい。顧客の間違いを指摘したり、やり方を教えようとしたりしては絶対にいけない。必要なのは、顧客なりの仕事のやり方を学び、彼らの身になって考えることだ。

› **顧客の慣習を追う**

周囲を萎縮させたり、悪目立ちしたりしないように、ユーザーが普段着ているような服を着よう。目的はその場に溶け込んで影響を及ぼさないようにすることだ。顧客が玄関で靴を脱いでいるなら同じようにする必要がある。床に直接座り、ピザを箱からそのまま口に運ぶ心の準備をしておこう。

› **顧客の言葉に適応する**

言い換えるなら、自分のほうが詳しいと思っても、専門的になりすぎないようにし、社内で使っている専門用語の乱用は避ける必要がある。というより、その逆をいくべきだ。ある考えや行動に対して、それをなんと呼んでいるかを顧客に訊き、自分ではなく彼らの言葉を使おう。

› **理由を尋ねる**

人はなんらかの行動を取るとき、合理的な説明を考え出して本当の理由を内に隠そうとすることがあるが、そうした説明には常に興味深い情報が隠れている。説明を調べていくと、顧客が問題や意思決定のフレーミングをどう行っているか、彼らが心のなかにどんな想定を抱いているかがわかるようになる。

> 顧客の行動に与える自分の影響を最小化する

自分が作っている製品やサービスが、顧客を助ける完璧な機能を持っているとわかっていながら、その商品の紹介や解説、PRをせずにいるのはとても難しい。しかし、それはあなたの仕事じゃない（少なくとも、今はまだ）。今やるべきは、どんなに難しくとも、黙って顧客の視点を観察することだ。地に足のついた現実を知ろう。

> 必ず活動中の顧客を観察する

誰かとオフィスで会うことになったとき、場所は会議室になるのが普通だろう。しかし、会議室で話を聞くのは楽かもしれないが、できれば顧客の机のそばを歩きまわり、普段の環境で実際に仕事をしている様子を観察してもらいたい。大事なのは、製品やサービスを有効活用してほしい作業をしている顧客に目を向けることだ。

> コンテクスチュアル・インタビューの実施者は少人数に絞る

理想は1〜3人だ。できるだけ場所を取らないようにして、顧客には見ている人がいること、あるいは調査の役に立たなければならないといったことを意識させないようにしたい。大人数で追跡すると、彼らが普段どおりの働き方をできなくなる恐れがある。

> 情報はさりげなく記録する

私も映像や音声の形での記録は大好きだ。だからといって、調査に照明や有線の目立つマイクを持ち込みたいかと言えば、そんなことはない。マイクは着けていることを忘れてしまうようなワイヤレスのものを持ち込み、カメラはセミプロ仕様のコンパクトなもの、もしくは携帯電話のカメラを使おう。顧客が普通に電話に出たり、部屋を出て同僚に質問をしたりしているようなら、それはこちらに気を遣って普段の行動パターンを崩していない証拠だ。

› PCではなくノートを持ち込む

コンテクスチュアル・インタビューでは、PCの立ち上げやWi-Fi接続の時間を気にせず、すぐにメモを取りたい。これは実体験に基づくアドバイスで、調査には予備のペンを持ち込んだほうがいい。一緒に調査に臨んでいる同僚がペンを忘れたということはよくある。

› 顧客に顧客自身のこと、さらには考え方を尋ねる

この仕事を始めてどのくらい経つか。どんなきっかけでこの仕事に就いたのか。仕事の気に入っている部分はどこか。ここにいないときは何をしているか。どんな成果を出したいか。自分が一番幸せを感じるのはどんなときか。観察者であるあなたは、顧客の目で世界を見て、顧客が大事に思っていることを理解しなくてはならない。一般的で受け入れられやすい質問（仕事を始めたきっかけ）から始めて、徐々に踏み込んだ質問（人生で最も重視しているもの、達成感や満足感を抱く瞬間など）へ移っていこう。

よくある疑問

次に、コンテクスチュアル・インタビューを始めるときに抱きがちな疑問と、その答えを紹介しよう。

› インタビューは何人に対して行うべきか

基本的には、相手のライフスタイルや役割に応じて適切な人数を見積もるようにしている（学校関係なら相手は中学生か、高校生か、大学生か。医療関係なら総合医か、専門医か、看護師か、事務員かなど）。傾向を見極めるのに必要な人数は8～12人くらいだろう。とはいえ現実的に言うなら、ただやるだけでも0人よりはいい。

› インタビュー時間はどのくらい取るべきか

個人的には90分をお勧めする。小さな子どもはそれくらいが限界だろうし、忙しい医師はそれだけ長く拘束されるのを嫌がるかもしれない。場合によっては午前中、あるいは午後中ずっとなど、もっと長時間「相乗り」できることもある。いずれにせよ、顧客の典型的な行動パターンをじゅうぶんに観察でき、さらに彼らと話をして顧客自身のことや考え

方がわかったと確信できるまで続けるべきだろう。

› 参加者はどう募るのか

専門のサービスに依頼することをお勧めする。スケジュールを決め、リマインダーを送り、スケジュールを再調整し、話し合い、事前のスクリーニングを行い…… などといった過程には、やったことがない人には想像もつかないほどの時間がかかる。募集サービスにはお金を払うだけの価値があるし、うまくいかなくてストレスをためずに済む。自分でやることにして、専門のプロを見つけたいなら、つてをたどろう。一般の人でも、自分の人脈やコミュニティサイトのクレイグスリストを使えば、かなり広い範囲をあたれるはずだ。もっとも、全国を飛びまわって自分でインタビューを行おうと思っているなら、専門の募集サービスにお金を払ったほうが、行ってみたら参加者が誰もいなかったという事態に見舞われずに済む。

› 質問は事前に用意しておくべきか

基本的にはそうだが、インタビューは「臨機応変」に進めてほしい。肝心なのは、顧客に目の前のタスクに集中してもらい、普段の仕事や生活のスタイルから引き離しすぎないことだ。コンテクスチュアル・インタビューは、アンケートを記入したり、空欄を埋めたりする作業ではなく、彼らの世界に踏み込んで必要な情報を集める過程だ。話が盛り上がっていけば、会話はたいてい、相手の知っている情報や、問題の捉え方、相手の人生の価値といったほうへ自然に進んでいく。世の中にはいろいろな種類の人がいるから、顧客のグループ分けにはインタビューを何回か実施することが重要になる。

データをインサイトへ変換する

多くの人がここでつまずく。顧客へのインタビューを終え、調査結果や顧客の発言、映像、動画などが集まった段階で、やりきったように感じてしまうのだ。しかし、観察しただけで必要なことが学べるだろうか。集めた細かな観察データは、きちんと整理してやらないと雑多な情報の寄せ集めにすぎない。とはいえ、どこから手を付けたらいいのだろうか。

無数のデータから、製品やサービスのあり方につながる重要なインサイトを抽出するには、パターンと傾向を特定しなければならない。そしてそれには、系統立った正しい手順が必要だ。これから私のやり方を紹介しよう。

ステップ1
観察結果を見直して書き出す

私はメモや録画映像を見直しながら、ユーザーの発言や行動に関するインサイト（つまり「発見内容」）を一口サイズで抜き出すようにしている。そしてそれを付せん、あるいはミューラルやリアルタイムボードといったツール内のバーチャル付せんに書き込む。観察結果で重要なのは、シックス・マインドに関係あるものだ。

〉視野／関心

顧客は何に注意を向けているか

〉空間認識

顧客の居場所の認識、また空間の移動の仕方に対する認識はどんなものか

〉記憶

顧客の世界観はどんなものか

〉言語

顧客はどんな言葉を使っているか

〉意思決定

顧客は問題をどう捉えているか。本気で問題を解決しようとしているか（深いニーズを抱いているか）。どんな「障害物」が立ち塞がっているか

〉感情

顧客は何を心配しているか。最大の目標は何か

加えて、上司の部下に対する態度など、人間関係が重要な意味を持っている場合は、それも書き出す（図8-4参照）。

図8-4 ／ コンテクスチュアル・インタビューの調査結果の一例

ステップ2
参加者ごとの発見内容を、シックス・マインドに沿って整理する

参加者全員について、ステップ1が終わったら、次は発見内容を記した付せんを参加者ごとにまとめて壁に貼る。それから、シックス・マインドを割り振った六つの列に分類していく(図8-5参照)。たとえば、「保存機能が見つからなかった」という発言なら視野／関心の列に、「このサイトがペイパルでの支払いを受け付けているのかすぐに知りたい」なら意思決定の列に割り振る。詳しいことは次章以降でまた解説する。

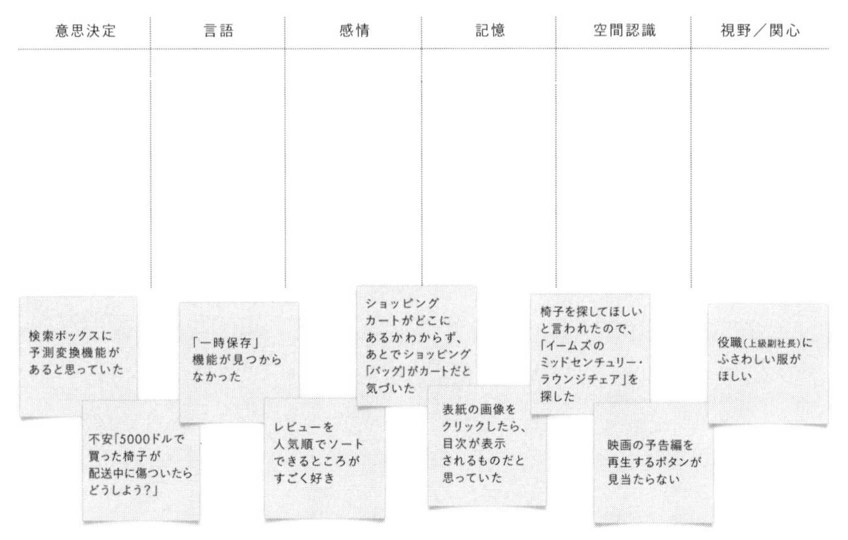

図8-5／シックス・マインドに沿って調査結果を整理する

やってみると、複数の項目に当てはまるように思えるものが出てくるだろう。それはごく当たり前のことなのだが、それでもこの手法を使いやすいものにするには、デザイナーとしてインサイトのどういった側面が一番重要かを考え、それに合わせて分類する必要がある。一番の問題は視覚的なデザインか、それともインタラクションデザインか。洗練された言葉を使っているか。言葉に適切な意味を割り振れているか。大きな決断をする過程で、顧客が行き当たる問題を解決できる正しいツールを提供できているか。途中で顧客を混乱させていないか。

ステップ3
参加者の傾向を把握し、ユーザーのタイプを作成する

ユーザーのタイプ分けについては第Ⅲ部で詳しく解説するが、参加者の傾向を知りたいときは、調査結果の傾向や共通点を探ろう。それが、製品やサービスの方向性を決める重要なヒントになる。また、シックス・マインドを基準にして結果を分類すれば、製品の改善点も見えてくる。意思決定に関するフィードバックはタスクフローを担当しているUI担当者へ、視野や関心に関するフィードバックはグラフィックデザイナーへ返せるようになり、顧客体験が改善されていく。

このあとの章では、私がEコマース分野を研究するなかで観察した、実際の顧客たちの具体例も紹介する。データのなかから重要な部分を特定し、さらに集めたインサイトのニュアンスを察知するヒントにしてほしい。

エクササイズ

私が実施しているシックス・マインドをテーマにしたオンライン講座では、受講生のみなさんに、実際の調査で集めた簡単なデータ（もちろん、企業秘密を守るために内容は一部変更してある）を提供している。

図8-8から8-12は、Eコマース業界を対象とした調査で、5人の参加者から回収した発言メモだ。参加者は、オンラインで何かを購入しようとしているか、お気に入りの品を見つけようとしているか、購入して視聴したい映画を選ぶかしている。調査したいプロセスは、商品の検索と選択（決済は調査対象から外した）で、図で紹介するメモは調査結果をまとめたものとなっている。

やってみよう

それぞれのメモを見て、視野や空間認識など、図8-7の六つのカテゴリーのうち、最もよく当てはまると思う項目に割り振ってみよう。

行き詰まったときは、図8-6を参考にしてみてほしい。

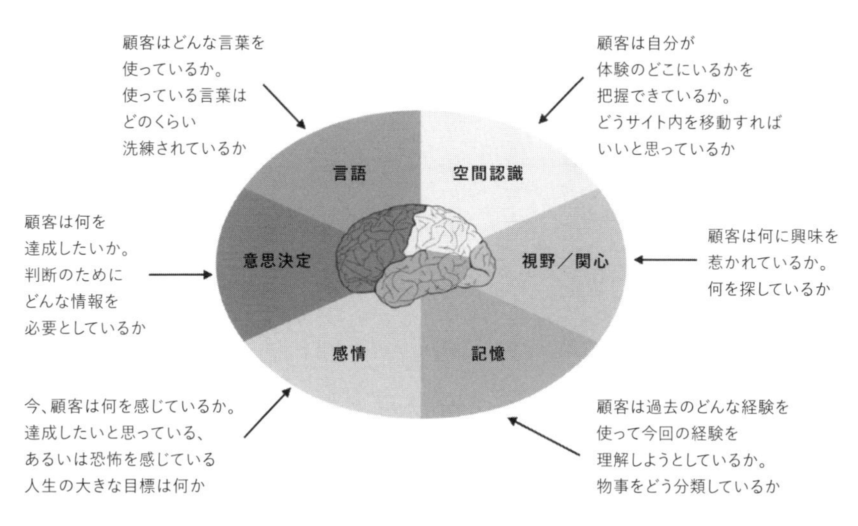

図8-6 ／ 体験のシックス・マインド

二つ以上のカテゴリーにまたがるメモだと思ったならそうしてもいいが、できれば一番重要なものに限定してほしい。その後、それぞれの参加者の思考についてわかったことをまとめ、参加者に共通する傾向を確認しよう。

参加者：＿＿＿＿＿＿＿＿＿＿

意思決定	言語	感情	記憶	空間認識	視野

図8-7／メモはどのカテゴリーに当てはまるか

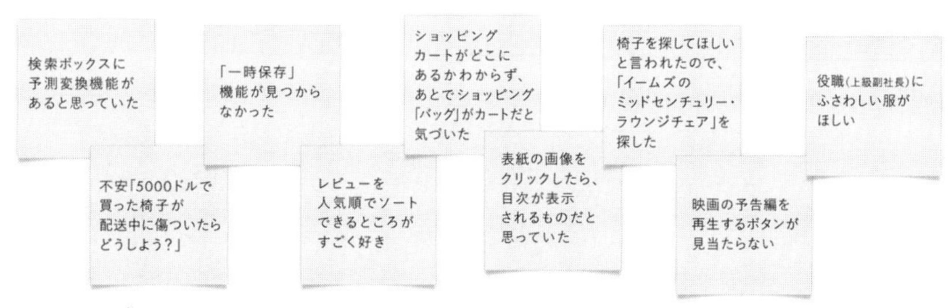

図8-8／参加者Aの調査結果

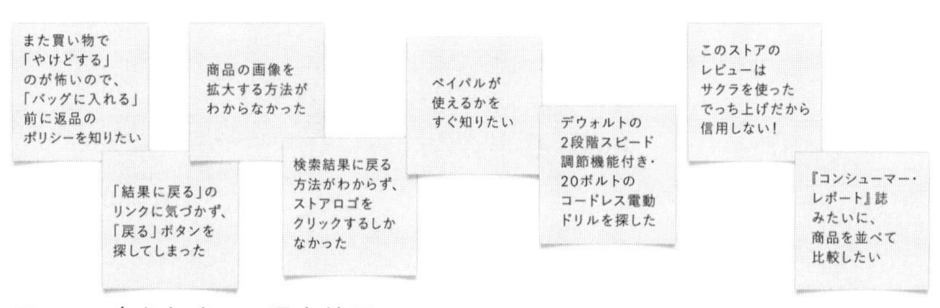

図8-9／参加者Bの調査結果

図8-10 ／ 参加者Cの調査結果

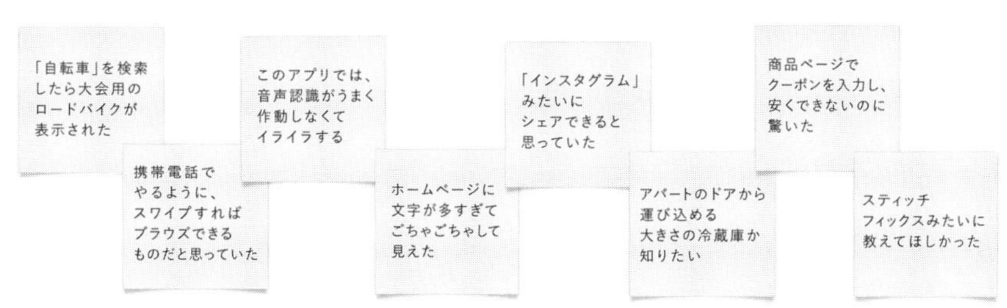

図8-11 ／ 参加者Dの調査結果

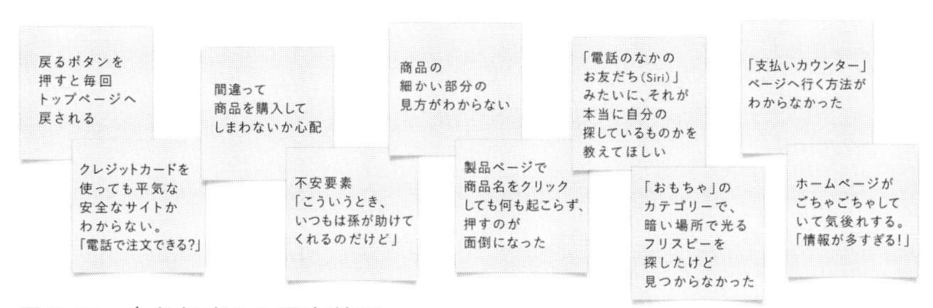

図8-12 ／ 参加者Eの調査結果

メモはこのあとの章でもまた活用する。そこでは具体的な情報のニュアンスを解説するので、分析という名の剣を研いで、さまざまな種類のデータを扱えるようになる教材としてほしい。

いちいちエクササイズをこなして、友人と結果を比べ合うなんて面倒くさい？そういう人は、このリンク（*http://bit.ly/six-minds-exercise*）から結果を入力済みのキーノート版かパワーポイント版がダウンロードできるので活用してほしい。

具体的なアドバイス

- ただ聞き取り調査をするのではなく、参加者が実際に働いているところを観察しよう（コンテクストに基づいた記憶は、「その瞬間」を逃すと忘れてしまう）
- ただニーズを話し合うのではなく、参加者がタスクを終わらせる様子を観察しよう（繰り返すが、コンテクストに基づいた記憶や振る舞いはこうしないと表に出ない）
- 参加者の振る舞いに対する思い込みを捨てよう（参加者の身になって考えることで、商品を通じて解決できる参加者の悩みや問題が把握できる）
- 参加者の言葉だけでなく、行動も測定しよう（電話をチェックした回数、紙を使った回数とコンピュータを使った回数の比較など）

参考文献

- ヤン・チップチェイスの2007年のTEDトーク、「携帯電話の人類学」。*http://bit.ly/2Uy9J1A*
- Chipchase, J., Lee, P., & Maurer, B.（2011）. Mobile Money: Afghanistan. *Innovations: Technology, Governance, Globalization*. 6（2）: 13 – 33.
- IDEO［日本語版HPでは「デザイン思考研究所」］、「人間中心設計のフィールドガイド」（「イノベーションを起こすための3ステップ・ツールキット」に記載）。*https://designthinking.eireneuniversity.org/swfu/d/ideo_toolkit_ja.pdf*

9.

視野

何を見ているか

さて、コンテクスチュアル・インタビューを行って製品やサービスを使う人を観察する方法を解説したところで、今度はインタビュー結果から、シックス・マインド関連でどういった重要な情報が手に入るかを考えてみよう。

最初に見るのは視野／関心のカテゴリーだ（図9-1参照）。視野について考えるなかで、顧客に関する次のような疑問の答えを探していこう。

- 顧客の目はどこを見ているか（どこに注目しているか、何に関心を惹かれているか、そのことから、顧客が探しているものと、探している理由について何がわかるか）
- 顧客が探しているものが判明したか。しなかったなら、理由はなぜか。見つける際のハードルは何か
- 探しているものへ顧客の関心を向けるため、どんな新しいデザインが考えられるか

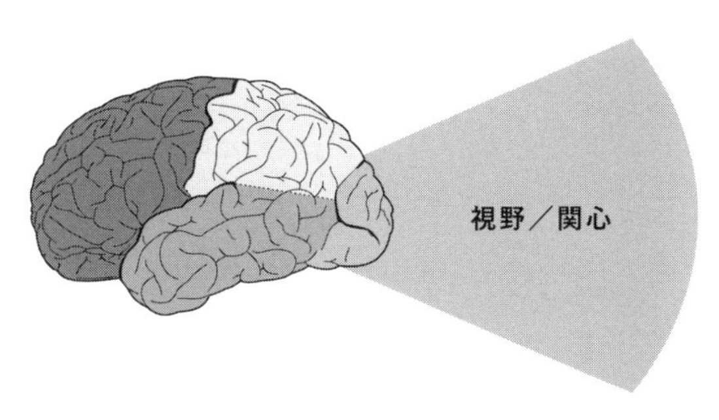

図9-1／
後頭葉が司る視野と視覚的関心

また、顧客が見る場所や見るものへの想定、見るタイミングだけでなく、顧客が何を視覚的に目立つと感じるかもデータから探っていこう。顧客が見つけたいものを見つけられたか、何を参考に探しているか、目標は何かも考えていく。

顧客が見ているもの――アイトラッキングのメリットと盲点

インターフェースやサービスを改善したいなら、まずは調査の参加者が実際にどこを見ているかを確認するといい。インターフェースなら、ユーザーが画面の、あるいはアプリ内のどこを見ているかがポイントになる。

分析にはアイトラッキング装置とヒートマップが便利で、これを使えばユーザーがどこを見ているかがわかる。そして、分析結果をもとにコンテンツの配置を調整できる。

とはいえ、前の章で解説したような昔ながらの観察手法を活用できれば、アイトラッキングシステムは必須ではない。私はコンテクスチュアル・インタビューを行う際、参加者の斜めうしろ90度の位置から観察するようにしている（図9-2参照。このように少しうしろに立てば、相手を緊張させずに済む）。これには、いくつかの理由がある。

- 振り返らなくてはならないので、調査担当者に話しかけづらくなる。つまり、目の前の画面や作業に集中してもらえる（観察する側も、相手が何をしているか、どこをクリックしているかに注目できる）
- 参加者が見ているものがよく見える。もちろん100パーセント全部ではないが、画面の上を見ているのか、それとも下を見ているのか、紙に目を落としているのか、ファイルをめくって特定のページを探しているのかといった基本的なことはわかる

図9-2 ／ さりげないコンテクスチュアル・インタビュー

参加者の視界に関しては、図9-3を見てほしい。これはある電子機器メーカーのストアページを横に並べたもので、上図はぼかしを入れ、色調を落としている。人間の視覚システムは映像情報を処理する際、こうしたイメージを使って次に何を見るべきかを決めているため、それを再現した。

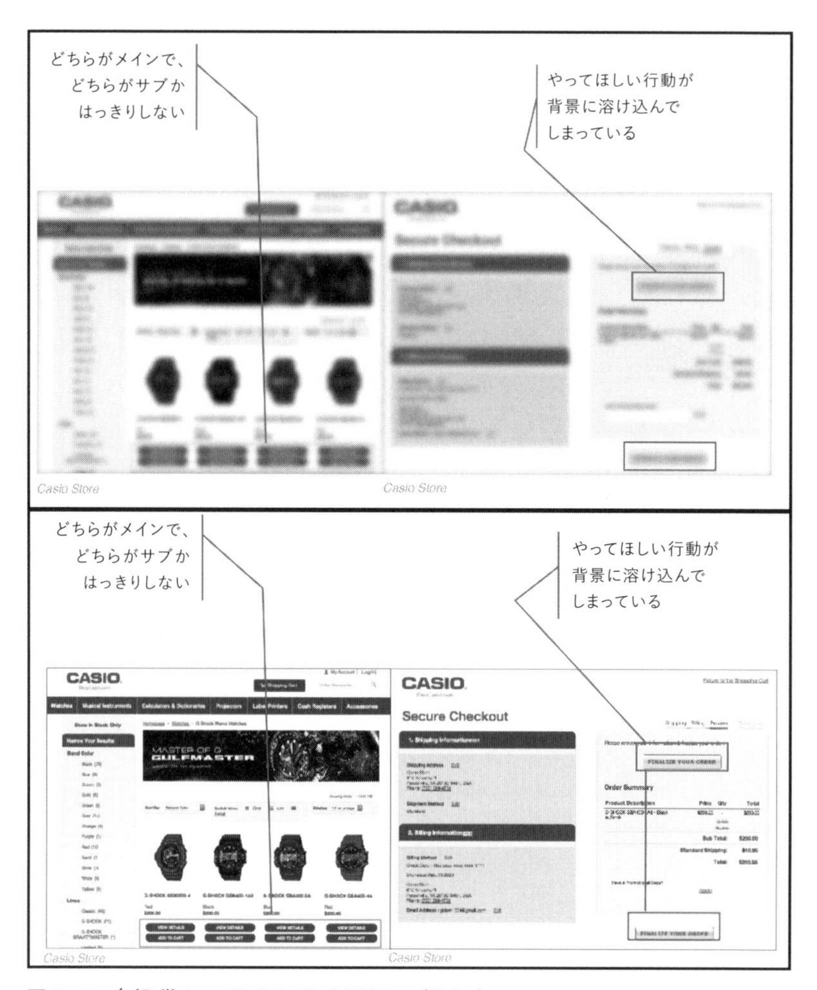

図9-3 ／ 視覚システムによる画面の捉え方

左のページには四つの時計が表示され、その下に二つのボタンがある。しかし、パッと見てボタンがあるのはわかるものの、二つが同じような見た目をしているため、このレベルの脳内イメージではどちらが「購入」ボタンでどちらが「一時保存」ボタンかわからない。後者は「サブ」にあたるボタンのはずだが、メインの「購入」と同じレベルで見た人の注意を引いてしまっている。グラフィックデザイナーが調整しなくてはならない箇所だろう。

右の画像では、見た人の関心を引けるだけの視覚的なコントラストが注文確定ボタンにつけられておらず、背景に溶け込んでいるので見落とされやすい。

ケーススタディ　セキュリティ部門

経緯：デジタルインターフェースにはさまざまな例があるが、私たちデザイナーは人間の関心についてもっと幅広く考える必要がある。そこでここでは、私がかつて一緒に働いた、大きな責任を負っている人たちを例に出そう。彼らはアメフトのスタジアム規模の組織（あるいは実際のスタジアム）で警備を担当するセキュリティスタッフだった。

警備員はさまざまな部分に注意を払わなくてはならない。彼らが状況に応じて使う警備のシステムやツールには、次のようなものがある（それぞれ警報やベル音、ビープ音が鳴る）。

・何百台ものカメラ。しかも数は増える一方だ
・要注意エリア（人が隠れやすいドアの陰など）用の特製カメラ
・無線。パトロールスタッフから頻繁に連絡が入る
・PCメール
・携帯メール
・地元警察の無線（頻繁に連絡を取り合う）
・カード式のドアロックシステム（1分間に何回もピッと音がする）
・スピーカーシステム
・CNN
・火災警報器
・エレベーターの警報装置
・電子機器の警報装置
・コールセンター

こうしたせわしない環境で仕事をしている人がいることに、驚いた人もいるのではないだろうか。私も、騒がしいシステムの数々は警備の生産性に悪影響を及ぼしている気がする。いろいろなものに注意を払わなくてはならない環境は、多くの人が集中しにくいと考える大部屋オフィスよりもはるかにやっかいだ。

結果：視覚的、聴覚的に集中を妨げるものが多い環境では、スタッフがそのときどきに一番注意を払うべきものがわかっている必要がある。そこで私たちのチームは、フェイスブックのフィードによく似た、しかし緊急度に応じて強力なフィルターをかけるシステムを開発した。そこでは、懸念材料（テロ、火災、扉での人の渋滞など）ごとに関連する行動が紐付けられていて、スタッフは場所と問題の種類でフィルターをかけられる。また、時間帯ごとに優先度の高い問題のリストも備えているため、ものすごい数の物事に注意を払わなくても済む。ページを開けば一目で状況を確認でき、設定次第で注意する対象を一つの問題に絞ることも、全体に広げて重要度が特別高まったときだけ表示することもできる。このシステムを導入したことで、スタッフはどこを注意して見るべきか、どんな特徴的な音や警報音に注意すべきかを把握できるようになった。

急いでヒートマップを手に入れよう

注目箇所を示すヒートマップは、ユーザーの目がインターフェースのどこを見ているかを教えてくれるし、ユーザーが画面のどこを、どれくらい長く見ているかのイメージが掴める。長く見ている場所は、ほかの場所よりも「ホット」ということになる（図9-4参照）。

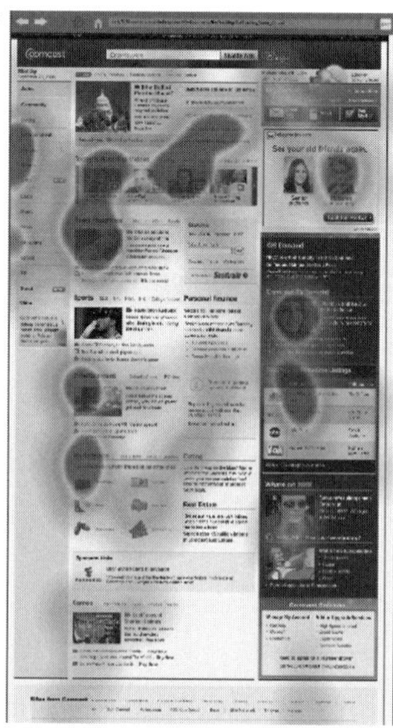

図9-4／
ヒートマップ
（左：開設当初のサイト、右：再デザインしたサイト）

ケーススタディ　ウェブサイトの階層構造

経緯：ヒートマップの例として示した図9-4は、現在Xフィニティというブランドになったエンターテインメント企業コムキャストのウェブサイトだ。左側は開設当初のバージョンだが、こちらではユーザーの目線は圧倒的に左上の端に集中していて、ページの下や右側はほとんど見られていない。その事実は、アイトラッキングのデータ、またページ下のパートナー企業のリンクがほとんどクリックされていないことからも判明していた。問題は視覚的なコントラストで、初期版のページでは左上がほかの部分よりもかなり暗く、さらに動画や画像などのおもしろいコンテンツが集中していた。そのため、ユーザーの視覚的な関心のシステムは、圧倒的にその部分に注目していた。

結果：そこで私たちは、サイトの再デザインを行い、見出しだけでなく、下にあるその他の情報にも視線が自然に流れていくようにした。そのために、コントラストや画像の大きさ、色、フォント、空白部分などを調整して、これまで顧みられることのなかった部分を視覚的に目立たせた。そうやって、「画面をスクロールした先」にも注目してもらうことに成功した。そして見る場所に大きな変化が生まれたことで、エンドユーザーとコムキャスト、料金を支払って広告を出しているパートナー企業すべての満足度が増した。

このケーススタディからわかるのは、アイトラッキングとヒートマップというツールの便利さだ。それでも、こうしたツールを導入しさえすれば製品をうまく調整できるとは思わないでほしい。前の章で紹介したサーベイやユーザビリティテストと同じで、ヒートマップも「何」にまつわる情報は多く手に入るが、顧客の視野や関心の背後にある「なぜ」の部分はわからない。ヒートマップから得られたデータでは、ユーザーが解決しようとしている問題の正体はわからない。

それを知るには、次のプロセスに取り組む必要がある。

顧客の想定の流れに合わせる

顧客のニーズを満たすには、問題解決の各段階で、顧客が何を探しているか、何が見つかると思っているか、そして結果として何を得たいと思っているかを知る必要がある。それがわかったら、その想定の流れに合わせたものを適宜提示すればいい。

誰かがサイトを使っている様子を観察する際、私は「どんな問題を解決しようとしますか?」とか「今、何を見ていますか?」と尋ねるようにしている。そうすると、相手がその瞬間に一番興味を持っているものがわかり、目標が理解できる。

ユーザーが採用している作戦や、抱いている暗黙の想定は無数にある。それを理解するには、自然な流れのなかで活動するユーザーを観察するしかない。そうしたインサイトが、最終的には商品の視覚的なデザインやレイアウト、情報の構造を決める参考になる。必要なステップや、その示し方、置き場所などをはっきり決められるようになるのだ。

ケーススタディ　オークションサイト

経緯:ここでは、コンテクスチュアル・インタビューでわかった顧客の暗黙の想定を紹介しよう。政府主催のオークションサイトのターゲットユーザーを対象に、テストを行ったところ、参加者から「なぜeBayのような使い方ができないのか」というフィードバックがあった。そのサイトはeBayよりも巨大だったが、参加者になじみ深いのは断然eBayのほうだったから、その経験に基づいて、オークションサイトの新しいインターフェースに対してもeBayと同じように使えることを期待していた。

アイトラッキングでも、ユーザーの想定と混乱が確認できた。ユーザーは商品の写真の下の空白部分を見つめていたが、それはそこに、eBayと同じように「入札」ボタンがあることを期待していたからだった。しかし実際の「入札」ボタンは別の場所にあったため、eBayと同じ場所にあると思っているユーザーはボタンを見つけられずにいた。

結果:このケースでは、クライアントに「変わった考え方」をやめるよう促すだけでなく、eBayのようなほかのシステムによってユーザーの想定が固まっていることを認めてもらわなければならなかった。その後、ボタン位置の変更など、サイトの構造の一部をユーザーの想定に合わせて変えると、すぐにパフォーマンスは改善した。それができたのは、ユーザーが「どこ」にボタンがあると思って探しているかということ、そして彼らがそこにはないボタンを他の場所で見つけられていないということがわかったからだ。問題は使っている言葉や視覚的なデザインではなく、ほかの同種のサイトを使った際の経験と、それに基づいた想定にあった。

実例からみる視野

前の章で紹介した、付せんに発見内容をメモして分類するやり方をみなさんが実践したかはわからないが、ここではそのメモの一部について細かく見ていきたい。メモは映画配信サイトとEコマースサイトを使っている参加者を観察して得られたもの（図9-5〜9-8参照）で、今からする解説を読むと、どこを見ればシックス・マインドに従った分類ができるのかの感覚が掴めると思う。今回見つけるのは視野と関心に関するものだ。繰り返しになるが、メモの内容は複数の項目にまたがっている場合も多い。それでも私は、発言の裏にある一番大きな問題を踏まえて分類するようにしている。

›「『一時保存』機能が見つからなかった」

これは、画面上の特定の機能を探していたが、見つからなかったユーザーのコメントなので、視覚的なデザインの問題である可能性が高い。コメントをさらに詳しく見ていくと、まずは「一時保存」ボタンが実際にあるかを確認する必要があることがわかる。仮に、同じ機能のボタンに「キープ」や「保持」といった別の名前が付いていたなら、それは言語の問題になる。また、変更を加える前には、ほかの参加者も同じ問題に行き当たったかも調べるべきだ。こうやって確認を繰り返し、機能が同じ用語で実装されているのに、顧客が見つけられなかったことがわかったなら、これは視野／関心の問題であることが確定したと言っていいだろう。とはいえ、視覚的な場面に対する「見つかる」関連のコメントが、すべて視覚的な問題とは限らない点には注意してほしい（先述のとおり、言語などが原因の場合もある）。

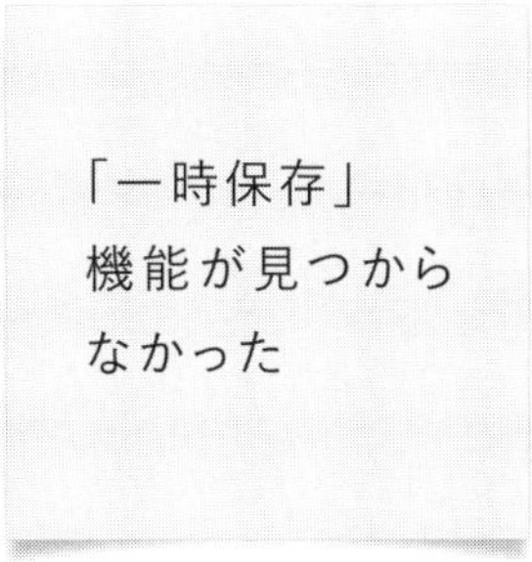

「一時保存」
機能が見つから
なかった

図9-5 ／
観察したところ、
参加者は「一時保存」機能を
見つけられなかった

注意

調査結果を見直していると、おそらく「見る」「見つかる」「気づく」といった言葉がたくさん出てくるはずだ。そうした言葉は確かに視覚に関連する可能性が高いが、だからといって何も考えずに視野のカテゴリーに入れてはいけない。調査結果からそうした言葉が見つかったときは、それが顧客の想定（記憶）に関するものではないか、空間の移動方法（空間認識）や、ユーザーにとっての製品や用語のなじみ深さ（言語）に関するものではないかを確認し、字面だけを見て視野のカテゴリーに入れないようにしよう。

›「ホームページがごちゃごちゃしていて気後れする。『情報が多すぎる!』」

これも視野と関心に関係があるもののように思える。ページの構造と情報の密度を確認するべきだろう。

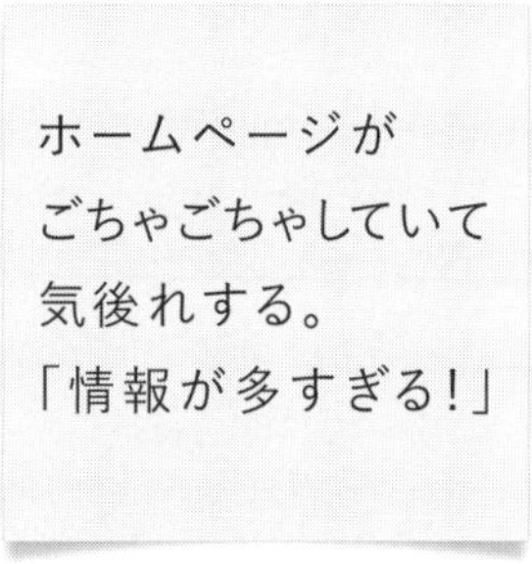

ホームページがごちゃごちゃしていて気後れする。「情報が多すぎる!」

図9-6 ／ 参加者は、ページが視覚的に複雑すぎると述べている

›「検索結果に『ラ・ラ・ランド』が見当たらなかった」

探しているものをページ上で見つけられなかったユーザーのようだ。この場合、検索結果に映画『ラ・ラ・ランド』はあったのだが、このユーザーには見つけられなかった。つまりなんらかの理由で、検索結果の視覚的な特徴づけが甘く（第2章で紹介した形や大きさ、向きを変えて「飛び出して」見えるようにするやり方を思い出してほしい）、うまく目立たせることができていなかった。おそらく、他の検索結果との視覚的なコントラストがじゅうぶんではなかったか、ユーザーの関心を惹く画像が使えていなかったのだろう。あるいは、ページ内にほかに関心を惹く要素が多すぎたのかもしれない。こうしたフィードバックは、ビジュアルデザイナーに

直接返せばいい。調査中に動画を撮影しておくと、どこを改善すればいいかがわかりやすいので非常に便利だ。

検索結果に
『ラ・ラ・ランド』が
見当たらなかった

図9-7 ／
参加者は検索結果に
気づけなかった

›「結果に戻る」のリンクに気づかず、「戻る」ボタンを探してしまった

これは、細かなニュアンスに気を配ることの大切さを示す絶好の例だ。「気づかなかった」というコメントを見て、深く考えずに視野のカテゴリーに入れてしまう人もいるだろうが、だまされてはいけない。これは言語に関する問題の可能性もある。どちらか判断するには、観察データとアイトラッキングデータの両方を使って「捜査」し、参加者がその瞬間にどこを見ていたかを明らかにする必要がある。「結果に戻る」のリンクをちゃんと見ていて、それでも気づかなかったなら、これは用語選択のミスなどの言語の問題で、その言葉と参加者が探しているものの内容とがつながらなかったということだ。

こうして顧客からのフィードバックを確認し、対処すべき大きな問題を抽出できたら、具体的な情報と改善に向けた提案とともにビジュアルデザインチームに渡そう。

「結果に戻る」の
リンクに気づかず、
「戻る」ボタンを
探してしまった

図9-8 ／
観察したところ、
参加者はボタンを見つけられず、
別の用語を探していた

具体的なアドバイス

- 参加者の斜めうしろに位置取り、彼らが画面の、あるいはインターフェースのどこを見て次のステップへ進もうとしているかを確認しよう
- 何を探しているかだけでなく、なぜ探しているかを理解しよう（参加者にとって、その瞬間に一番大事なことは何か。見つかった場合、どんないいことがあると思っているか）
- 参加者が、システムに対して何を予測し、どんな想定を持っているかを明らかにしよう（「太字にしたいと思ってメニューを探したのに、上のほうを端から端まで見ても見つからなかった」）
- 参加者の商品の使い方から、彼らがシステムに対してどんな想定や暗黙の作戦を抱いているかを探り出そう
- 参加者の目の動きや行動を観察し、参加者視点で思考プロセスのメンタルモデルを構築しよう

10.

言語
ユーザーの言葉遣いを知る

この章では、インタビューの記録と分析の方法、調査参加者の発言と文章構造に着目する際の注意点、そして参加者の言葉から特定分野の専門知識のレベルを推察するやり方を紹介する。

言語（図10-1参照）に関しては、次の4点を考える必要がある。

- ユーザーはどんな言葉を一番使っているか
- その言葉に、どんな意味を持たせているか
- 使っている言葉の専門性のレベルから、どの程度の専門知識があると推察できるか
- 自分たち（内部のプロダクトデザイナー）はユーザーと同じ「辞書」を使えているか。ユーザーにとってわかりにくい専門用語を使っていないか

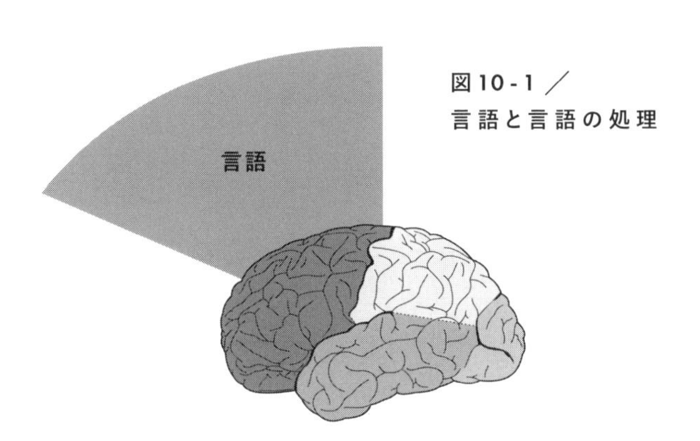

図10-1／
言語と言語の処理

インタビューの記録

前にも言ったとおり、コンテクスチュアル・インタビューでは記録を取ることをお勧めする。手をかける必要はない。もちろんワイヤレスマイクがあれば便利だが、実際には200ドルのカムコーダーでもそれなりにクリアーな音で録音できるし、コンパクトで邪魔になりにくいから音声と映像の両方を記録するのにうってつけだ。できるだけシンプルな設定を心がけ、参加者の活動に与える影響をできる限り少なくしよう。少し工夫を凝らせば、いろいろなツール（オンライン会議のZoomなど）を使って映像を再生しながらテープ起こしもできる。

生データを整理する際の注意点

記録を終え、テープ起こししたデータからユーザーが使っている言葉と使用頻度を分析すると、未編集の段階で一番よく出てくるのが「でも」と「それから」、そして調査と関係のない言葉の数々だと気づくはずだ。しかしもちろん、こちらはなんらかの意見を構成する単語を知りたいわけだから、接続詞や無関係の言葉は省いていって、製品やサービスと関係の深いものだけを残す作業がまず必要になる。そうした言葉がどれだけよく使われているかを調べるのはそのあとだ。

当然ながら、言葉の使い方は集団や年齢、地位によって異なり、この調査で知りたいのはまさにその部分だ。また言葉の使い方を通じて、参加者が自分たちの問題をどれだけ理解できているかも明らかにしたい。特定の言葉の登場頻度を調べるツールはどんどん増えているが、個人的にはグーグルが提供しているキーワードの使用頻度分析ツールがお勧めだ。

行間を読み、専門知識のレベルを測る

私たち製品やサービスのデザイナーが使う言葉は、ユーザーの信用を勝ち取る手段にも、失う原因にもなる。製品やサービスに関する用語はユーザーを驚かせがちだが、逆に使う言葉を調整して相手の言葉遣いと合わせれば、商品への信頼を深めることもできる。

発言の行間を読むと、テーマに対する理解度が「聞こえ」、専門知識のレベルがわかる。それがわかれば、顧客とどのレベルで話をすればいいのかも判明する。

これはデジタルセキュリティにも、暗号にも、スクラップブック作りやフランス料理にも当てはまる原則だ。私たちはみな、話題ごとに異なるレベルの知識を持っていて、それに合わせた言葉遣いをしている。私はDSLRカメラが大好きで、「F値」や「アナモルフィックレンズ」「NDフィルター」といった話題に目がないのだが、みなさんにはなんのことだかさっぱりだろう。逆にみなさんも何か、私にとってはこれから学ぶべき未知の話題に詳しいはずだ。

製品やサービスのデザイナーが本当に知るべきは、一般的なユーザーの理解度だ。それをもとに言葉遣いのレベルを定め、ユーザーが解決しようとしている問題について話し合おう。

税務で言えば、税法の専門家はアメリカ合衆国内国歳入法の第368条が組織再編や買収に関する項目であることや、1972年から始まった「歳入手続き」が、特定の税金の「原価計算基準の緩和」につながっていることを知っている。だから、ほかの人がそこまで税法に詳しくないことに驚き、税法の仕組みや複雑さを理解しないまま、専用のソフトを使ってとにかく申告だけ済ませてしまいたいと考える人たちを怖がりさえする。申告ソフトは、「あなたの今年の収入はいくらですか？　農場を持っていますか？　引っ越しはしましたか？」といったように、素人でもわかる言葉を使う。

このように、私たちはユーザーが使っている言葉を理解し、そこから彼らの専門性のレベルを推察して、ユーザーのいる場所で会い、ユーザーにわかる言葉でしゃべる必要がある。

ケーススタディ　医療用語

経緯：アメリカには、国立衛生研究所などが情報提供を行っているメディラインプラスというウェブサイトがある。サイトでは、次ページにある図10-2のように、さまざまな医療関連の話題が見事に網羅されている。しかし課題もあり、トピックのリストに「TIA（一過性脳虚血発作）」のような正式名称を使っていた（TIAは、普通の人が「軽い脳梗塞」と呼ぶものを指す）。サイトがTIAでのみリスト化していたら、一般ユーザーは検索結果から目的のものを見つけ出せないことが予測できた。

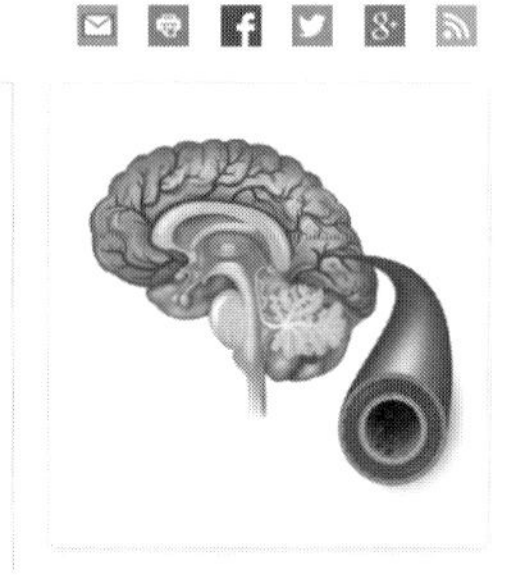

図10-2 ／ メディラインプラスのウェブサイト

結果：そこで私たちは研究所に、正式な病名と、もっと一般的な呼び方の両方でヒットする検索機能を実装したらどうかと助言した。また、用語はどちらも見やすく表示する必要があった。「軽い脳梗塞」で検索した人が、結果をすぐに見つけられず、間違った検索結果が表示されていると思ってしまっては意味がない。企業内部の専門家や、国立衛生研究所の医師、法律事務所の会計士は、そうした日常的な用語は正確ではないと考え、使うのを嫌がる傾向があるが、デザイナーは、専門家と初心者のどちらかを選ばなくてはならないときは、初心者に寄り添うべきだ。もしくは5章で紹介した国立がん研究所のサイトにならって、医療の専門家バージョンと患者バージョンの見たいほうをユーザーが選べるようにするべきだろう。

実例からみる言語

図10-3～10-5は、8章の調査結果の付せんを「言語」に分類したものだ。

›「ショッピングカートがどこにあるかわからず、あとでショッピング『バッグ』がカートだと気づいた」

サイトに「ショッピングカート」機能があるとわかっているにもかかわらず、参加者が見つけられなかったとすれば、考えられる理由は二つある。一つは、機能がそもそも目に入らなかったという視覚的な要因、そしてもう一つが、目にしてはいるが想定と違う言葉で表現されているため気づけないという言語の問題だ。どちらかを特定するには、メモや映像を見直して、その瞬間にユーザーがどこを見ていたかを確認するといいだろう。今回の場合、メモに「あとでショッピングバッグがカートだと気づいた」と書いてあるので、実際は言語の問題らしいということが推察できた。

これは同じ英語でも、アメリカとカナダ、イギリスで意味が異なることを示す格好の実例だ。多くのアメリカ人は、コストコで使うような車のそばまで持って行けるカートを思い浮かべて「ショッピングカート」と言うが、公共交通機関を使うことのほうが多い地域では、ショッピングバッグのほうが買い物の道具として一般的だ。この意見をもとに、私たちはほかの参加者も同じ問題に行き当たったかを調べ、その結果を踏まえて用語を変えるかを決めることにした。

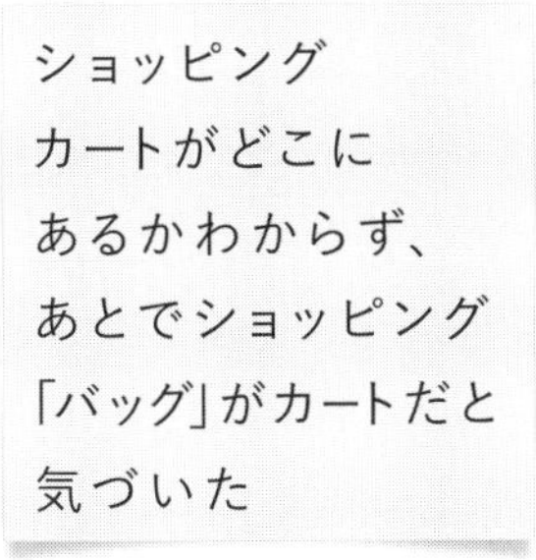

ショッピング
カートがどこに
あるかわからず、
あとでショッピング
「バッグ」がカートだと
気づいた

**図10-3 ／
観察したところ、
参加者は別の用語を
使っていた**

> 椅子を探してほしいと言われたので、「イームズのミッドセンチュリー・ラウンジチェア」を探した

まず、普通の買い物客はイームズのチェアというものがあるのか、あるとしてそれはラウンジチェアなのか、さらにはミッドセンチュリー・ラウンジチェアなのかをほとんど知らないだろう。つまりこの検索語からは、この人物がミッドセンチュリーモダンな家具にかなり詳しいことが推測できる。こういった高い専門知識を持っているユーザーにリーチするには、それなりの用語を使わなくてはならない。参加者全体にこの傾向がみられるなら、コンテンツの専門家に、このレベルに合わせた用語を使うように指示する必要がある。

椅子を探してほしい
と言われたので、
「イームズの
ミッドセンチュリー・
ラウンジチェア」を
探した

図10-4／
検索語から、
この参加者が
分野に詳しいことが
推察できる

注意

この例について、「探した」という言葉を文字どおりの視覚機能として捉え、参加者がページを上下にスクロールさせて目的のものを探すなどしていると思った人もいるかもしれない。しかし、ここで言う「探す」はおそらく検索ボックスになんらかの言葉を打ち込んだことを指している。文脈から抜き出したコメントの抜粋や発見の意味がはっきりしないときは、メモや映像、アイトラッキングのデータなどを見直し、ユーザーが文字どおりにページ上で商品を探しているのか、それとも検索語を打ち込んだだけなのかを確認しよう。「探す」のような複数の解釈ができる言葉は、メモを取る時点で意味をはっきりさせておくほうがよい。

› **「『フィルムノワール』のジャンルでフィルターをかけて検索したい」**

このコメントも、参加者が映画に造詣が深く、言葉遣いも洗練されていて、業界の背景にも詳しいことを示している。また、このコメントには記憶の要素もある。この人物が過去に、おそらく似たサイトでジャンルごとにソートした検索結果を目にした経験があり、それに基づいたメンタルモデルを持っていることが推察できるからだ。

「フィルムノワール」
のジャンルで
フィルターをかけて
検索したい

図10-5／
言葉遣いから、
参加者は映画に
造詣が深いことが
推察される

このエクササイズを通じて、ユーザーのどんな言葉に注目すればいいのか簡単な感触は掴んでもらえたと思う。誤解を生みやすいボタン名や、文化による言葉の意味の違い、専門知識のレベルに応じた用語まで、注意すべきポイントは多岐にわたる。

ユーザーの言葉遣いと、自分のサイトやアプリが使っている言葉を比べ、それが製品やサービスのデザインに与える影響を考えよう。専門知識のレベルがユーザーによってまちまちだとわかったなら、初心者と専門家の両方のニーズを満たすデザインが必要かもしれない。

ケーススタディ　博物館・図書館サービス機構のサイトデザイン

経緯：図10-6からは、コンテンツだけでなく、メニューに適切な用語を使うことの大切さがよくわかる。博物館・図書館サービス機構は政府が出資している組織で、名前を聞いたことがあるかはともかく、すばらしい仕事ぶりで全米の博物館と図書館を支えている。ウェブサイトのメニュー構成はごく一般的だ。組織紹介、助成金、刊行物、調査と査定、そして……イシュー(Issues)。このサイトをユーザーにテストしてもらったところ、彼らの目を惹いたのがこのイシューのタブだった。多くの参加者が、これは機構が抱えている「問題」を紹介するページだと思ったが、実際はまったく別で、文書の保存やデジタル化、アクセシビリティなど、博物館や図書館に関わる「話題」や「重点的に取り組んでいるテーマ」を表したものだった。

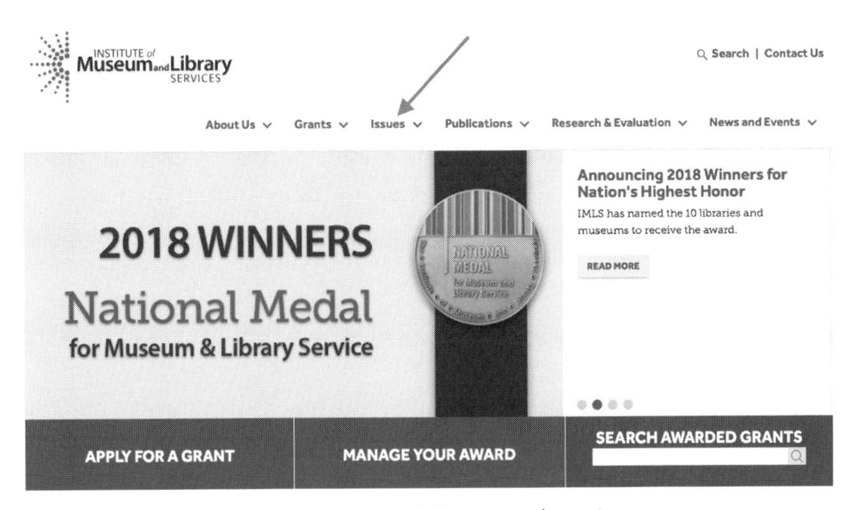

図10-6 ／ 博物館・図書館サービス機構のウェブサイト

結果：ここで重要なのは、ユーザーの想定に合わせて全体的な言葉遣いを調整するだけでなく、メニューの用語も再検討することだった。機構は結局、「イシュー」の項目は別の場所へ移し、このメニューには中身をもっとよく表した別の名称を割り振ることにした。

具体的なアドバイス

- インタビューはすべて記録し、自動ツールを使ってテープ起こしをしよう
- 特定の言葉を使う頻度と、語彙の専門性のレベル（「脳の傷」か、「左頭頂葉損傷」か）を確認し、ユーザーの分野に対する理解度を推察しよう
- AIシステムを構築しているときは、特に言葉の並びと使っている言葉に注意を払おう。システムに適切なトレーニングを施し、特定の構文パターンを正しく処理できるようにするのに必要な情報だからだ

11.

空間認識

ユーザーの移動に関する想定を知る

次は、空間認識（図11-1）関連の調査結果に目を移そう。2章の内容をおさらいすると、空間認識とは、ユーザーが特定の空間内の現在位置をどう把握しているか、どうすればそのなかを動きまわり、機械や環境とやりとりできると思っているか、そのためにどんなハードルがあると思っているかを指す。ここでは、ユーザーが空間（私たちのようなデジタル商品のデザイナーにとっては仮想空間）をどう把握し、どうすればそのなかで自由に動けると思っているかを理解することが目的になる。

砂漠のアリの話を覚えているだろうか。アリは世界の仕組みを理解したうえで、どうすれば巣に帰れるかを考えていた（残念ながら、拾い上げられて動かされたことは考慮できなかったが）。同じように、私たちはユーザーの移動や空間認識にまつわる振る舞いを観察し、製品やサービスを使う際の障害を特定しなければならない。

空間認識では、次の6点への答えを探していく。

- ユーザーは自分がどこにいると考えているか
- どうすればA地点からB地点へ行けると考えているか
- 次に何が起こると考えているか
- どんな想定を持っているか。その想定の土台となっているのは何か
- その想定と、商品の仕組みはどう違っているか
- そうした想定がもたらすインタラクションデザイン上の課題は何か

この章では、ユーザーが商品の一般的な仕組みと次に起こる出来事について推察しながら、「ギャップを埋める」過程を見ていく。サービスのデザインと提供では特に、ユーザーの想定と次のステップに対する予想を知り、それに合わせることで信頼を獲得できる。

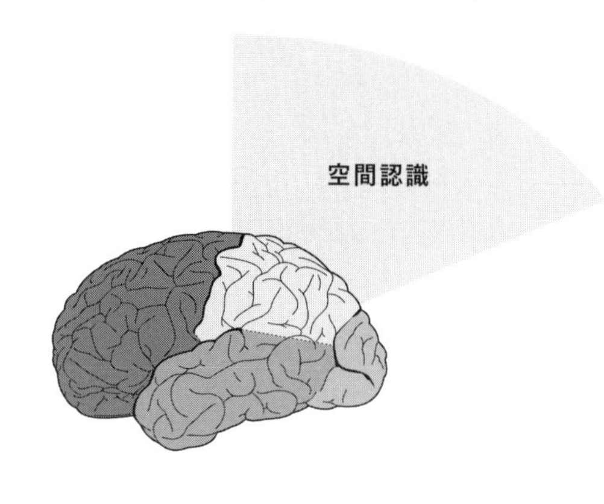

図11-1／
空間認識は、一般に頭頂葉を活用すると言われている

ユーザーの現在地に対する認識

まずは空間認識の最も基本的な要素である、空間内での居場所の把握から始めよう。製品デザインの場合、仮想空間に対する認識が主だが、現実の空間に対する捉え方もヒントになる。

ケーススタディ　ショッピングモール

経緯：目的地へたどり着けたか、着けていないならどう行けばいいかを知るには、まず自分の現在地を理解しなければならない。3章にも載せた、私の自宅近くのショッピングモールの写真をもう一度紹介しよう（図11-2参照）。これを見ると、椅子の配置や天井のデザイン、レイアウトなどがすべて均質で、自分の現在位置や向かっている方向（私自身、どこが出口かわからなくて苦労しっぱなしだ）を把握するのが難しい。スナップチャットの問題点とも少し似ているが、物理空間では、特徴的な目印がないと自分がどこにいるかがわからない。

図11-2 ／ このモールで、何を目印にすれば自分の居場所がわかるだろう？

結果：このモールのデザイナーと会ったことはないが、もし話ができたら、エリアごとに椅子の色を変える、あるいは柱を一部撤去してその先にある店が目に入りやすくするなどして、目印を増やすことを提案する。必要なのは、自分の居場所と向かっている方向を示す目印だ。この考え方はバーチャル空間のデザインにも当てはまる。あなたのサイトやアプリには、ユーザーが自分の居場所を把握するのに使えるバーチャルの案内板はあるだろうか。入り口や出口、重要な交差点のはっきりとした目印はあるだろうか。

別の場所への行き方に対する認識

実際のコンテクストのなかで、ユーザーが製品を使っている様子を観察するだけで、ユーザーの移動に関する傾向や持っている次善策、移動の際に活用している「コツ」が見えてくる。システムを構築したデザイナーにとっては予想外のものがいくつも見つかるはずだ。

ケーススタディ　検索語

経緯：驚いたことに、専門的なツールやデータベースのユーザーも、たいていまずはそのツールを使うときに便利そうな言葉やフレーズ（専門用語）をグーグルで検索する。税務の仕事をしている人たちがあるツールを使う様子を観察したとき、彼らはツール内にある税法のページへたどり着くためには特定の専門用語が必要で、それはシステムを閲覧しても見つからないと考えていることに気づいた。彼らは税法のページへ移動するのではなく、まず税法名をグーグル検索して専門家が使っている用語を特定し、それからツールに戻って検索バーにその用語を打ち込んでいた。このように、ツール内をうまく移動できなかったユーザーは、問題を回避する別の方法を見つけることがある。

結果：製品やサービスをデザインするときは、商品自体だけでなく、検索エンジンなどの各種「ヘルパー」やツールを考慮に入れよう。エンドユーザーは、それらを製品と組み合わせて使っている。デザイナーはそのすべてを踏まえながら、移動方法に対するユーザーの考えを完璧に理解しておくべきだ。

想定の根っこを突き止める

コンテクスチュアル・インタビューを実施すると、空間認識と言語、記憶のカテゴリーにまたがる発見がいくつも出てくるだろう。結局のところユーザーは、必ず記憶をもとにした基本的な想定に沿って製品やサービスを使うからだ。

そこで、空間認識と記憶の違いをはっきりさせよう。私は、すてきなレストランで食事をする、洗車に出かけるといった体験そのものに対する大まかな想定は記憶のカテゴリーに、対して物理や仮想空間の移動の仕方に関する想定は空間認識、つまりインタラクションデザインのカテゴリーに属すると考えている。

二つの微妙な差を表す例を紹介しよう。新型のエレベーターには、ホールにあるスクリーンに行きたい階を打ち込むと、どのエレベーターに乗ればいいかをランプで教えてくれるものがある。このタイプは、エレベーター内に階数ボタンがないものも多く、エレベーターを使った移動方法に対する多くの人の想定からは外れている。つまり記憶を活用してはいるが、空間内の移動の仕方に関わる問題なので、私は空間認識の問題だと捉えている。呼び覚ますのは全体的な記憶ではなく、ロビーから5階へ行く方法などのインタラクションデザインに関する記憶だからだ。

実例からみる空間認識

再び付せんに戻ろう。図11-3～11-7は「空間認識」に分類した発見だ。

›「検索ボックスに予測変換機能があると思っていた」

一見すると空間の移動方法とは関係ないように見える発言だが、私は間違いなくインタラクションデザインがらみだと考えている。「思っていた」という言葉は、記憶を参照したことを指しているようにも思えるが、ここではA地点（検索機能）からB地点（検索結果）への移動の仕方がもっと大きな問題になっている。

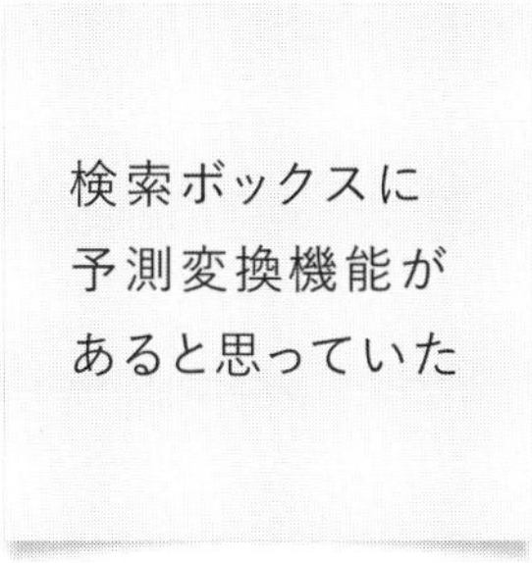

検索ボックスに
予測変換機能が
あると思っていた

図11-3 ／
観察したところ、
参加者には検索に対する
想定があった

›「表紙の画像をクリックしたら、目次が表示されるものだと思っていた」

これもインタラクションデザインに対する想定だ。この参加者は、表紙の画像をクリックしたあとの出来事について、具体的な想定を持っている。現段階の電子書籍にこうした機能が備わっている作品は少ないかもしれないが。ユーザーが何を想定しているかを知るヒントにはなる。

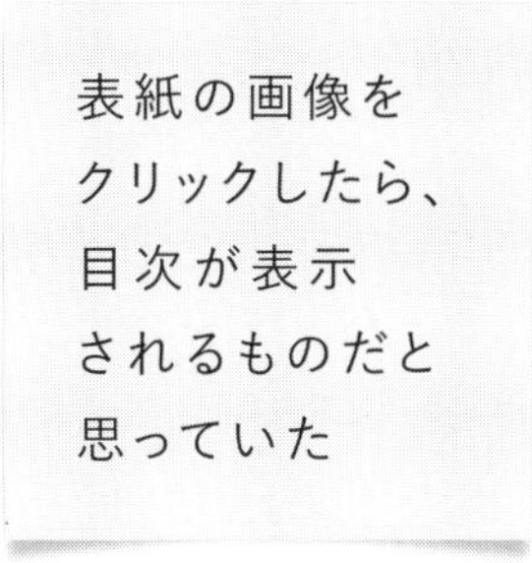

表紙の画像を
クリックしたら、
目次が表示
されるものだと
思っていた

図11-4 ／
参加者はEコマースの
インタラクションに関する
想定を持っていた

> **「携帯電話でやるように、スワイプすればブラウズできるものだと思っていた」**

いわゆる「デジタルネイティブ」が増えるなかでよく見かけるようになったコメントだ。現代人の例に漏れず、この参加者もほとんどのことを携帯電話でこなしているから、スワイプすればページをスクロールできると思っていた。こうしたスワイプに関する想定は、デザイナーが当然考慮すべき要素になりつつある。記憶や参照の枠組みに関するコメントだと思った人もいるかもしれないが、私としては、ここで問題になっているのはインタラクションデザインに関する特定の記憶と、仮想空間の移動の仕方だと考えている。

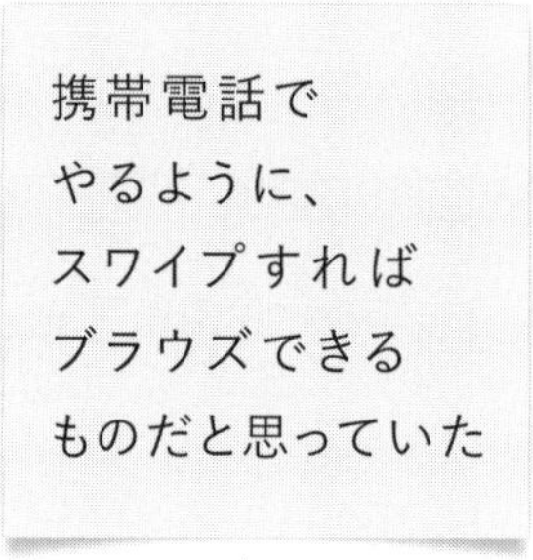

携帯電話で
やるように、
スワイプすれば
ブラウズできる
ものだと思っていた

図11-5 ／
参加者は携帯電話の使い方に対するものと同じ想定を抱いていた

> **「このアプリでは、音声認識がうまく作動しなくてイライラする」**

インタラクションデザインに対するもっともな指摘だ。この参加者は、どこかをクリックしたり、携帯電話を動かしたりするだけでなく、音声を使って何かを起こせると思っている。空間認識が、空間内での物理的な行動に限らないことを示すいい例だ。言語に分類すべきコメントだと思うかもしれないが、この発言だけでは、参加者が音声入力が使えるという想定を持っていたかは確言できず、使えたらいいなと思っていることしかわからない。だからもっとデータを集め、ほかのツールを使った記憶が苛立ちのもとになっているかを確認する必要がある。

このアプリでは、
音声認識がうまく
作動しなくて
イライラする

図11-6 ／
観察したところ、
参加者は音声を使って
アプリを動かしたがっていた

＞「映画をクリックしたら、本編ではなくまずプレビューが再生されると思っていた」

この参加者は、RokuやNetflixのようなタイプのインターフェースで、どうプレビューが再生されるかを知っている。しかしテストしたウェブサイトは、簡単な説明が見られるか、本編が始まるかのどちらかしか起こらず、ユーザーの空間認識に対する想定を裏切ったようだ。プレビューを見る手段があるのに参加者がなんらかの理由で見落としたなら、視野の問題になる。

映画を
クリックしたら、
本編ではなく
まずプレビューが
再生されると
思っていた

図11-7 ／
参加者は過去の経験に基づく
想定を持っていた

ケーススタディ　面倒な映画鑑賞

経緯：電話が何度か話題にあがったので、ここで私が実施した電話がらみのある調査を紹介しよう。その調査では、参加者が携帯電話やテレビを使い、RokuからHulu、Starz、ESPNへといったように、動画サイトをどう移動しているかを観察した。参加者にはアイトラッキング用のめがねを着けてもらい（図11-8）、インターフェース内の移動方法をどう認識しているかを把握すべく、音声で作動するリモコンの話は出たか、どこかをクリックしていたか、スワイプはしていたか、どこか別の場所へ行こうとしていたかなどを調べた。

結果：その結果、二つのことがはっきりした。まず、よくある「平面的」なデザインはあまり優れていない。このデザインだと、ユーザーには画面上のどの部分が選択されているかがわかりづらく、インターフェース内の自分の「現在位置」が掴めないのだ。そして次に、先ほど挙げた動画サービスでは、Rokuだけが飛び抜けて優れていた。その理由はたった一つ、リモコンに「戻る」ボタンがあったからだった。インターフェースやチャンネルのどこにいようと、戻るボタンはいつも同じ働きをする。つまりRokuは、サイト内の移動に対するユーザーの予測にマッチした見事な機能を搭載できていた。

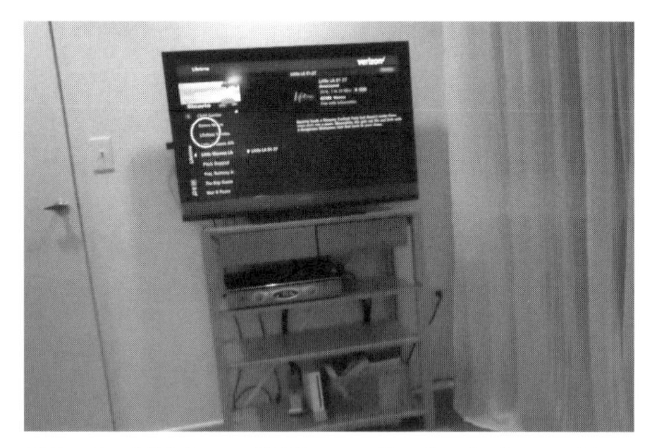

図11-8／調査の一場面。ヘッドマウント式のアイトラッキング装置を着け、画面をベースにしたインターフェースに注目してもらっている

具体的なアドバイス

・作動前のシステムに対して、何が起こると思っていたか、なぜそうなると思っていたかをユーザーに尋ねよう。ユーザーの想定に関する情報をできるだけ集めよう

・コンテクスチュアル・インタビューを通じて、参加者にこう訊こう。次に何が起こると思うか。何をしなければいけないと思うか。それができなかった場合、どうなると思うか。何を基準にうまくいったと判断するか

・タスクが1ステップ終わるごとに、次のような点を尋ねてもいい（答えが予測できたとしても、その裏にある理由まではわからないからだ）。思っていたとおりのことが起こったか。なぜそうなったか、もしくはならなかったか。何が起こるべきだと思うか。起こったことに驚いたか

12.

記憶

ユーザーの想定とギャップの埋め方を掴む

この章では、ユーザーの脳内での言葉と意味との対応を考えていく。それがわかると、言葉の意味だけでなく、ユーザーが持っているバイアスと想定も明らかになる（図12-1参照）。

この章では、次のような点を探っていこう。

- ユーザーはどんな参照の枠組みを用いているか
- 何が見つかると思っているか
- システム全体の仕組みについて、どんな想定を持っているか
- どんな固定観念やメンタルモデル、論理構造が想定に影響しているか
- ユーザーの固定観念と、専門家の論理や固定観念とはどう異なっているか
- ユーザーの想定に合わせるには、どんな変更を加えればいいか

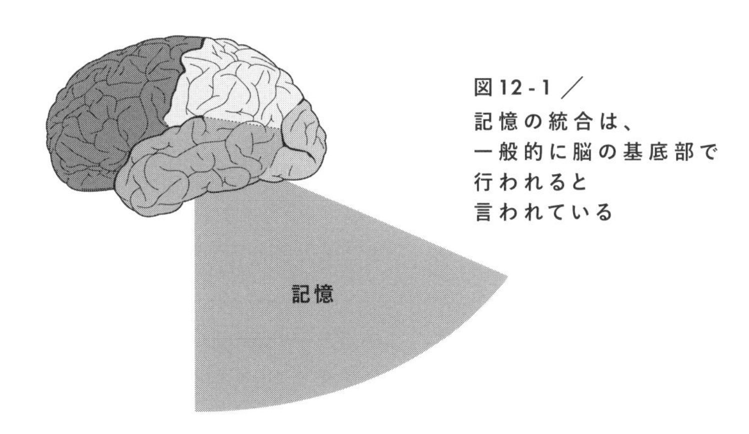

図12-1／
記憶の統合は、一般的に脳の基底部で行われると言われている

脳内での意味

4章で述べた固定観念という考え方をおさらいしよう。固定観念は、多くの人が考えるような悪いものとは限らない。人間はサイトやツールの見た目から体験の流れまで、さまざまなものに対して固定観念を持っている。

マクドナルドで食事を取る体験を例に取ろう。その体験で何が起こると思うかと訊かれ、白いテーブルクロスを引いた席に案内されるとか、上品な接客係が出てくると答える人はいないはずだ。ほとんどの人は、列に並び、注文をして、カウンターのそばで待って商品を受け取ることを予測する。タッチスクリーンを使った新しい注文のシステムを想定する人もいるかもしれない。最近、テストのためマクドナルドへ行った私の知り合いも、テーブルの番号を指示されてその席に座っていると、品物が運ばれてくることに驚いていた。こうした体験は、ファストフード店の仕組みに対する固定観念を打ち破るものになる。

もう一つ、携帯電話の充電ケーブルをネット通販で買うのと、新車をオンラインで購入する体験の違いも考えてみよう。ケーブルの場合、普通の人は品物を選び、送り先を指示し、支払い情報を入力して購入を確定させ、数日後に品物を受け取る流れを想定する。対して車のオンライン購入の場合、ほしい車をサイト上で選びはしても、すぐに買うとは思わないだろう。たいていの人は、そのあとディーラーから連絡先を聞かれ、実店舗で実際に車を見る日取りを決めると思うはずだ。そして実際の購入は、ディーラーの財務課で椅子に座って行うことを想定するだろう。このように、購入までの流れに対する想定は商品によってまったく違う。

ケーススタディ　製造と経営の違い

経緯：以前、さまざまな小規模企業の社長が関わるプロジェクトを手がけた際、彼らが大きく二つのタイプに分かれることに気づいた。

1. 情熱的な生産者タイプ
   製品を作り出す作業を愛してはいるが、お金を稼ぐことにはあまり関心がない。このタイプは可能な限り美しい物体を作り出し、それをみんなが愛することだけを考えている。また、顧客との絆をとても大事にする。
2. ビジネスマネージャータイプ
   自分たちが売っている商品や工程にはあまり興味がなく、事業を効果的に営むことを重視するタイプ。あまり顧客のほうを向いていない。

結果：小規模企業の社長と言っても、抱いている想定は同じではなかった。というより、そこには独特の専門知識と想定を備えた、二つの大きく異なるグループがあった。一方は、スプレッドシートで事業予測を立てる作業を愛し、もう一方はそんな作業はごめんだと考えている。一方はカスタマー・エンゲージメントを高める能力に優れ、もう一方は裏方でいるほうを好む。持っている専門知識はグループによって異なり、それゆえ、自分たちの強みを生かすために必要としている製品やサービス、言語も異なっていた。このように、優れた製品をデザインするには、まず顧客のタイプを特定しなければならない。タイプ分けについて、詳しくは第Ⅲ部で解説しよう。

あらゆる想定を考慮する

私たちは、ユーザーの事前の想定をあらゆる面から考慮し、物の見た目に対する思い込みや、物事の仕組みに対する想定、次のステップへ進む方法、さらにはシステム全体の働きに対する全般的な想定にまで目を向けなければいけない。そうやってユーザーの想定を明らかにしていくなかで、初心者と専門家の違いを体感できる。言語に関する章で話したとおり、重要なのはユーザーと目線を合わせることだ。

ケーススタディ　税法

経緯：あるクライアントのために、税務調査をしている会計士と弁護士を観察したことがある。具体的には、彼らがある税法について、どんな調べ方で情報を得ているかに注目した。そうした情報は伝統的に、記事や書籍など刊行物のタイプごとにまとまっているが、参加者の想定とメンタルモデルはまったく別で、アメリカの税法と国外の法律、不動産に関する税法と法人税、税金に関するガイドラインと税金に関する法律というような分け方をしていた。そのため、参加者が探しているような多層的な構造で情報が整理されていないのが現状であった。

結果：参加者にとって一番便利なツールを作るべく、デザイナーはデータベースのモデルを参加者の想定に沿ったものに刷新し、さらにメンタルモデルに合わせたフィルターをかけられるようにした。

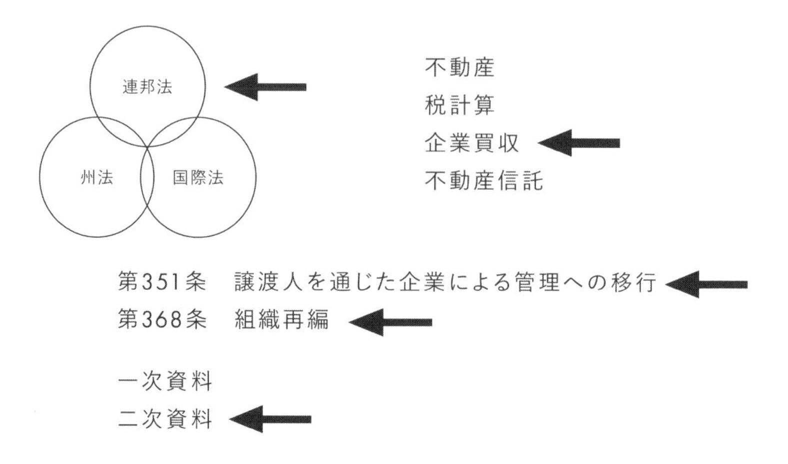

図12-2 ／ 税務の専門家は、税法に関する情報について、脳内で多層的な捉え方をしている

実例からみる記憶

ここでも付せんに立ち返り、記憶について考え、どの調査結果が脳内のレンズにまつわるものかを調べよう（図12-3、12-4、12-6参照）。

＞「スティッチフィックスみたいに教えてほしかった」

これは参照の枠組みに関するコメントだ（解説すると、スティッチフィックスはインターネットを使った服の仕立てサービスで、登録して大まかな好みのスタイルを知らせると、プロがコンピュータも使いながら何種類かの服を選び、自宅へ送ってくる。ユーザーはそれを試着して、気に入れば購入し、気に入らなければ送り返す）。もちろんここには感情の要素もある。もっと自分のことを知っていてほしかったとユーザーが思っていること、またプロによる上質な体験を期待していたことが伺えるからだ。それでも私は、この発見で最も重要なのは、ツールを使う際のユーザーの参照の枠組みが示されている点だと思っている。ユーザーが期待している接客のモデルがわかれば、サイトに求めるものも特定しやすくなる。

スティッチ
フィックスみたいに
教えてほしかった

図12-3 ／
観察したところ、
参加者はほかのサイトの
体験をもとに、
さまざまな想定を抱いていた

›「支払いカウンター」ページへ行く方法がわからなかった

この言葉を見る限り、参加者は、百貨店メイシーズのような場所、つまり実際にレジがある場所を思い浮かべているようだ。参加者が探しているものを見つけられていない以上、視野に関するものだと思う人もいるだろうし、「支払いカウンター」という具体的な名称のものを探しているのだから、言語のカテゴリーだと思う人もいるだろう。目的地へ行く方法の話だから空間認識だという意見、あるいは記憶のカテゴリーに入るという意見もあるかもしれない。どれも間違いではないので、可能なら映像やアイトラッキングのデータを確認してもいいだろう。しかし私は、ここで重要なのは参加者の考え方（そこから来る実店舗に関する想定）と、ウェブサイトが提供している情報が異なっていることだと思っている。であれば、これは記憶と想定に関わる課題と言えるのではないだろうか。

「支払いカウンター」
ページへ行く方法が
わからなかった

図12-4 ／
参加者の想定と
現状のデザインとのあいだに
ズレがあった

このコメントを見て思い出したのが、ウェイバックマシン（Wayback Machine）というツールだ。これはウェブサイトの以前のバージョンを確認できるツールで、おもしろいからみなさんも試してみてほしいのだが、私がこの支払いカウンターという言葉を見て思い出したのが、サウスウエスト航空の初期バージョンのサイトだった（図12-5参照）。

図12-5 ／ サウスウエスト航空の初期版ウェブサイト

見てわかるとおり、サウスウエスト航空はこの初期バージョンのサイトで、実際の支払いカウンターの物理的な特徴を再現しようとしている。その結果できあがったのが、チラシやはかりまで再現した凝ったウェブサイトで、どの要素も、支払いカウンターの機能を非常に具体的に表していた。デジタルのインターフェースはここまで細かく現実世界を再現することはないし、最近は現実世界でもカウンターは簡素化が進んでいる。それでも、年配のユーザー向けのデザインを考える際は、過去の行動パターンを念頭に置くことが重要になる。彼らの想定は、在りし日の支払いカウンターに合わせたものかもしれない。

ちなみに

この「支払いカウンター」に関するコメントはあまりにも独特で、ほかの参加者から似た発言はなかったため、サイトのデザインではこの問題に対処しなかった。フィードバックを集めて見直していると、こういった特定の参加者の独自の意見、つまり参加者全員に共通するパターンが見つけづらいものにときおり出くわす。この人物の発言全体をコンテクストに当てはめて考えると、ネットショッピングの初心者であることがわかるはずだ（ユーザーの分類については第III部で詳しく解説する）。

›「『腐ったトマト』を押したら映画のレビューが見られると思っていた」

このコメントにも、ほかのサイトのレビューシステムに対する想定と、製品の使用体験に与える想定の影響が表れている。またこれは、コメントを文字どおりに捉えることの危うさを示したいい例でもある。「見られると思っていた」という部分を読んで、「見る」という言葉があるから視野に関するものだと思った人もいるかもしれない。しかしここでもっと重要なのは、ページの中身に対する参加者の記憶や想定だ。とはいえ、意思決定に関わる想定だと感じる人もいるだろうし、このコメントはどちらに分類してもいいと思う。

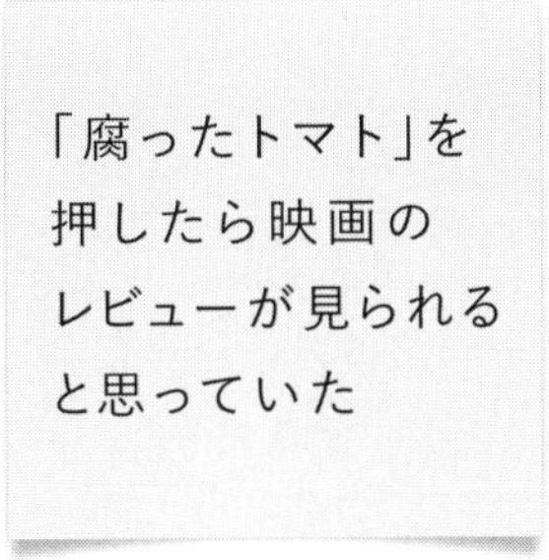

「腐ったトマト」を押したら映画のレビューが見られると思っていた

図12-6／
参加者は過去の体験を参照し、まったく同じではないにせよ、同様のコンテンツが見られると思っていた

この章のまとめ

このエクササイズを通じて、ユーザーがほかのツールや製品、企業を基準にした想定を持ち、自分たちの商品を使う際もそれを参照していることがわかってもらえたと思う。ユーザーは自分の想定に基づいて製品の仕組みを予測し、カスタマーサービスに特定の質を期待する。そうした想定のもとになっているのは、通常は記憶だ。私たちは、ユーザーの脳内イメージを明らかにするような驚くべき発見をし、ユーザーの行動原理となる記憶を探り出さなければならない。また、ここまでの章で解説したように、ユーザーがどんな想定を持っているかは、彼らが使う言葉や専門性のレベルからも推察できる。

デザイナーは、ユーザーのメンタルモデルを理解し、適切なモデルを呼び覚ますことで、商品を直感的に使えるようにする、つまり使い方の説明を最小限で済ませる必要がある。適切なモデルを呼び覚ますことができれば、ユーザーはその概念構造を使って必要な行動を自発的に取ってくれる。そして、製品やサービスをもっと信頼するようになる。

ケーススタディ　研究者のストーリーのタイムライン

経緯： あるクライアントのために、大学教授や研究者、大学院生、博士号を取得したばかりの求職者を対象とした、リンクトインやフェイスブックに似たウェブサイトを立ち上げることになった。知っている人も多いと思うが、フェイスブックでは伴侶の有無や出身校、出身地、さらには好きな映画といった情報を公開できる。しかし今回は学術関係者向けのサイトなので、必要なのは指導教官や、論文や著作といった刊行物の有無、研究所の所属歴といった情報だった。そして取りかかってみると、研究者としての生活や仕事を表す要素は数多くあることに気づいた。

結果： コンテクスチュアル・インタビューを実施すると、新任の教授が大学院進学を考えている学生について知りたい情報と、学部長が求職者の選考をする際に知りたい情報とがまったく異なっていることがわかった。そうやって、知りたい情報の種類とそのまとめ方に対する各種ユーザーの想定を次々に明らかにしていった。彼らが知りたいのは、普通の履歴書には記載されない情報だということもわかった（図12-7参照）。

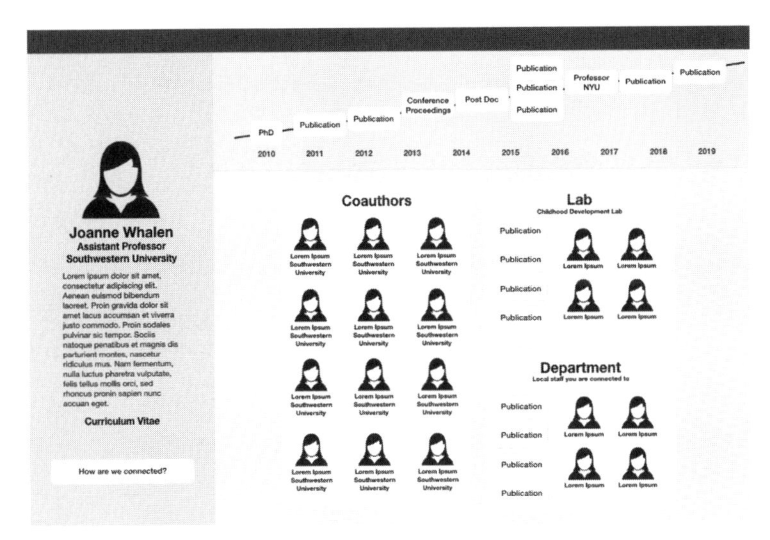

図12-7 ／ 学術キャリアをまとめたウェブページの試案

具体的なアドバイス

- ユーザーに、想定の根っこを尋ねよう。基本的な想定は何か。ほかに似たような商品を使っていないか
- ユーザーの人物像を描き出すだけでなく、その人物像の言葉の使い方に対する想定、想定に基づいた考え、問題のフレーミングの仕方も明らかにしよう
- さまざまな情報を文章化しよう。ユーザーがどんな視覚的な関心のバイアスを持ち、どんな言葉と行動を探し、どんな意味を言葉に割り振り、どんなレベルの構文を用い、どんな答えと体験の流れをシステムに期待しているかを言葉で表現しよう
- これらの情報をまとめて、ユーザーのニーズに最もマッチするシステムを明らかにし、力強い提案をしよう

13.

意思決定
ユーザーの残した手がかりを追う

意思決定では、ユーザーが真に解決しようとしている問題が何で、その途上でどんな決断をしているかを明らかにする（図13-1）。ユーザーが達成しようとしているタスク、意思決定を行うのに必要としている情報を突き止めるプロセスだ。

意思決定に関しては、次の6点を明らかにしたい。

・ユーザーが達成しようとしていることは何か
・全体的な意思決定の流れはどんなものか
・意思決定と問題解決に向けてどんな事実を必要としているか
・問題解決の各段階へ到達するために何をする必要があるか
・ユーザーが問題に圧倒され、「サティスファイス」しているように見えるのはいつか
・問題解決の途上で自然と選びたくなる「賢明な」選択肢は何か

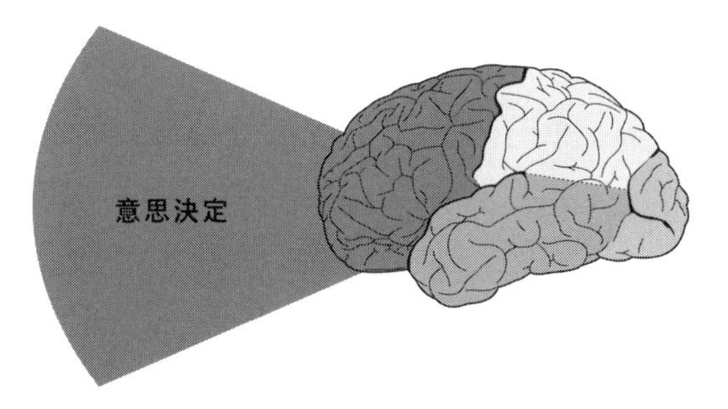

図13-1／
意思決定は、
前頭葉の最前部にある
前頭前野で行われる

目標とそこへ至る道のり

デザイナーは、ユーザーが最終目標へ至る過程で達成すべきサブ目標のすべてに着目する必要がある。

最終目標がケーキの完成なら、その旅へ乗り出したユーザーは、途中でいくつもの段階を踏む。まずはレシピを見つけ、材料をすべて揃え、レシピの指示に従って混ぜ合わせる必要がある。レシピ自体も、コンロに火をつける、ちょうどいい大きさのフライパンを出す、小麦粉を振り混ぜる、乾燥した材料を混ぜ合わせるなどの複数ステップの連なりだ。このように、私たちは製品にまつわる細かなステップを一つ一つ特定し、エンドユーザーが最終的な意思決定をする、もしくは目標へ到達する手助けをしなくてはならない。

ケーススタディ　オンライン決済

経緯：私たちはあるクライアントの依頼を受け、ペイパルやストライプといったオンライン決済ツールを使う際、参加者集団がどんな意思決定を行っているかを観察した。インタビューを通じて見えてきたユーザーのさまざまな疑問や不安を、私たちは付せんにメモしていった。どう助けを求めたらいいかわからない、使い方が難しい、自分が今使っているＥＣシステムで動作するか不安、セキュリティが心配だ……。そこには無数の小さな意思決定と、ユーザーが答えを必要としている疑問があり、それを解消してからでなければツールを使う気にはならなさそうだった。

結論：そうしたサブ目標を拾い集めて順番に並べると、ユーザーの旅路を手助けし、疑問にタイミングよく答える流れがデザインできる。それができれば、ユーザーは製品やサービスを信頼し、意思決定を行えるようになる。優れた体験を提供するには、意思決定に必要な情報をユーザーに与え、そのうえで決断してもらう必要がある。

必要な情報を、適切なタイミングで提供する

意思決定を行う人間は、心理的影響によって理想的ではない選択をしがちになるという話を７章でしたのを覚えているだろうか（だから私は、車を買う際は車内で話を聞かない）。人間には、選択肢の多さに圧倒されてサティスファイシングを行う、つまり今取れる選択肢を満足いくものとして受け入れてしまうとこ

ろがある。だからこそ、199ドルのミキサーと499ドルのミキサーのあいだに349ドルの商品を置くと、たいていの人はそれを買いたいと思う。中間的な選択肢が賢明に思えるからだ。私たちデザイナーは、こうした古典的な問題のフレーミングの傾向を頭に入れ、ユーザーがどんな選択肢を「賢明」だと思っているかを考える必要がある。

ケーススタディ　教師の1年間

経緯：私たちはある教師のグループを対象に、彼らが自分の教える力と計画力を伸ばすため、1年のどんな時期にどんなことを学びたいと考え、どんな専門家からのサポートを必要としているかを調査した。すると、教師が必要としているサポートは、時期によってまったく異なることが判明した。

ベテラン教師　セバスチャン

Seasoned Teacher

Sebastian

	夏	学期 1カ月前	授業のコマ割りに 着手する	学期 2～3週間前	授業開始後
■ 理論 ■ 実践					
行動	カリキュラムを調べて手元のリソースを確認（自分のもの、グーグルドライブ上）	クラス割り、目標の見直し、学級運営エクササイズへの参加	コマ割りのコンセプトと目的の見直し	授業計画の配布。授業の進め方をインストラクターと見直す	授業の割り振りの完了。学級運営、すばやい適応、親のニーズへの対応
ニーズ	教える力を磨く。これに時間をかけられるのはこの時期だけ	新教材の入手（補助プリント）	授業内容の話し合いを主導したい。前学期の見直し（映像、進め方）	授業風景の映像。授業をうまく進めるための資料	クラスの分け方。クラス分けの予定表と活動
機会	新しい教え方の導入	学校の中核概念と授業スタイルを刷新	コマ割りで行われる授業の土台への理解を深める	授業の課題を見つける方法	問題の修正方法

図13-2 ／ 新学期に臨む教師の重点課題と関心事のジャーニーマップ

結論：夏のあいだ、教師たちはコンセプトの消化や、教育理論に関する基礎調査に時間を使う。自己研鑽に時間をかけ、自分が「なぜ」今の教え方をしているかを考えるのに絶好の時期だ。しかし学期が始まる直前になると、サポートがほしい部分は理論から実践面へ移っていく。生徒たちが3カ月の夏休みからもうすぐ戻ってくるなかで、教師は生徒だけでなく、親にも対応しなくてはならない。だからこの時期に何よりも必要とするのは、プリントのような実践的な教材になる。この時期には、「このプリントは印刷できるのか」「そもそも印刷すべきか」「クロームブックで使えるのか」といった小さな決断を下さなくてはならない。そして学期が始まると、関心の矛先は「理由」から「方法」へ変わり、大量の情報が押し寄せるなかで自然とサティスファイスしやすくなる。こうした調査結果をもとに、私たちは時期によってまったく中身の異なる提案をできるようになった。

ユーザーの意思決定の旅路をマッピングする

デザイナーは、車を買うべきかといった顧客の大きな決断だけでなく、カップホルダーは付いているか、娘に喜んでもらえそうか、自分のサーフボードは載るか、上にルーフラックは載せられるかといった小さな決断も把握しておく必要がある。

そうした小さな決断では、情報を伝えるタイミングが重要になる。ユーザーが何に疑問を抱いているかがわかったら、次はいつ解消すべきかを見極めよう。普通は一気にまとめてではなく、購入へ至る旅の道のりで、一つずつ答えを示していくのがいい。だからこそネット通販のサイトでは、ただ見ているだけのユーザーを最初から情報漬けにしないよう、配送情報は最後に提示する。

ユーザーが自分でシステムを使い、問題を解決できると思っているかも確認しておきたい。問題を解決するには、頭のなかのレバー（認知神経科学では、「問題の空間のオペレーター」という）を動かして今の状態から問題解決後の状態へ移行する必要があるが、ユーザーの専門知識のレベルには差があり、問題の実態と本人の認識とがずれている場合がある。

実例からみる問題解決

また付せんを使い、今回は意思決定関連の調査結果を見ていこう（図13-3〜13-7参照）。

＞ 不安「5000ドルで買った椅子が配送中に傷ついたらどうしよう？」

つまりこの人物は、配送と荷物の扱いに関する疑問が解消されない限り、購入へこれ以上近づくことはないと言っている。不安や恐怖といった感情に関するコメントだと思う人もいるだろうが、ここで一番重要なのは、これが意思決定の前に解決すべき問題だという部分だろう。ユーザーが「購入」ボタンを押す前にどけなくてはならないハードルだ。

不安「5000ドルで
買った椅子が
配送中に傷ついたら
どうしよう?」

図13-3 ／
観察したところ、
参加者が「購入」を押さない
理由になっている

› 「**商品ページでクーポンを入力し、安くできないのに驚いた**」

ECサイト関連でよくあるコメントだ(すぐあとでケーススタディも紹介する)。実際にお店で物を買う場合、消費者はレジで支払いの前にクーポンを渡すのが普通だが、ネット通販の場合はそうではなく、本当にクーポンを適用できるかわからないから、ユーザーは混乱して手続きを進める気がなくなりやすい。その瞬間、正規の値段で買うつもりはまったくなくなる。

商品ページで
クーポンを入力し、
安くできないのに
驚いた

図13-4 ／
参加者が想定する
買い物の流れに合わせることが
大切なようだ

› 「**ペイパルが使えるかをすぐ知りたい**」

こちらもユーザーが手続きを進める前に行いたい小さな決断の例だ。多くの人は、信頼している好みの支払い方法が決まっている。だからこのフィードバックが示すように、支払い情報の入力は一番最後でも、どんな方法を使えるかは前もって伝えておく必要がある。こういう小さな判断材料を与えられることで、ユーザーは先へ進もうという気になる。

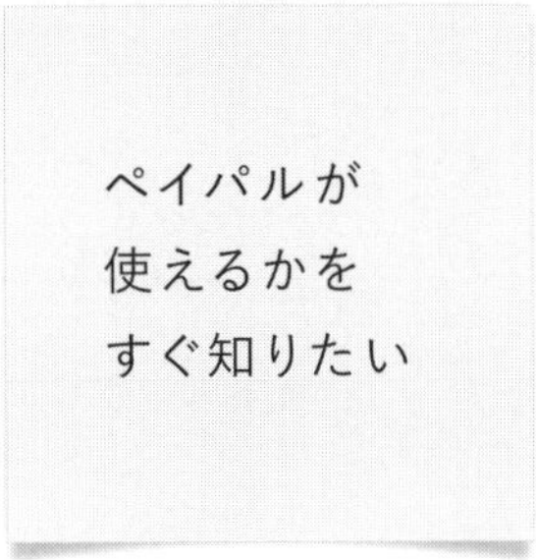

ペイパルが
使えるかを
すぐ知りたい

図13-5 ／
購入前に小さな決断が
必要だとわかった

›「ノートPCで簡単に映画を購入し、TVへ送る機能がほしい」

古典的な問題解決がらみのコメントで、ユーザーがどう問題を解決し、問題の空間を移動したいと思っているかが表れている。ここでは映画を観ることではなく、別のツールを使った購入方法が問題になっている。インタラクションデザインの要素も少しあるが、一番重要なのは問題解決の側面だろう。

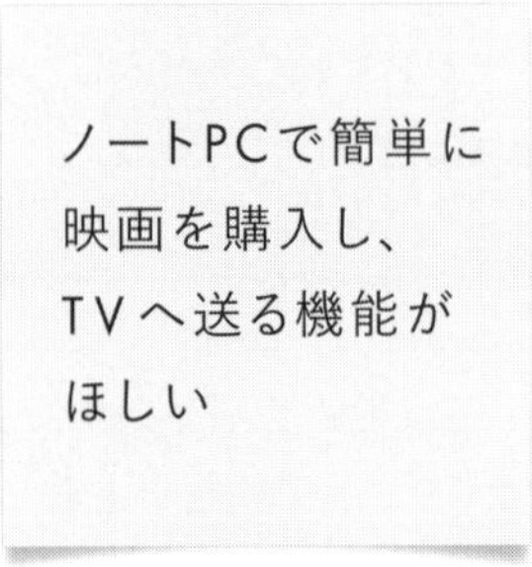

ノートPCで簡単に
映画を購入し、
TVへ送る機能が
ほしい

図13-6 ／
参加者は具体的な問題を
解決しようとしている

›「親に何を観ているか知られたくない」

このユーザーは、意思決定プロセスのこの段階で、プライバシーに関する設定を知りたがっている。もしかしたらホラー映画が好きなのに、親にホラーを観ていることがバレない確証がない限り、サービスに登録はしたくないと思っているのかもしれない。記録やログ、プライバシーのレベル、データを集めている会社といったプライバシー関連の疑問は、ビッグデータ時代にはごく当たり前に生じるものになっている。

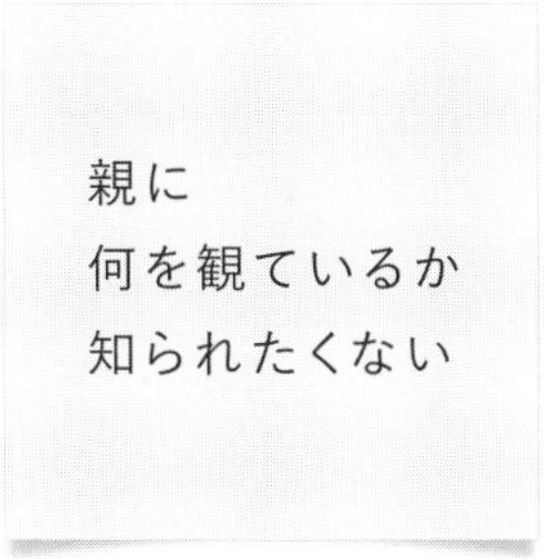

親に
何を観ているか
知られたくない

図13-7 ／
観察したところ、
副次的ではあるが、
ユーザーにとっては
大きな問題が発覚した

ケーススタディ　クーポン

経緯：語学の講座をオンラインで開講しているある会社をクライアントに持ったことがある。この会社は割引クーポンを出していたが、プログラマーはクーポンのコードを入力するタイミングを申し込みの一番最後に設定していた。だから300ドルの講座に3割引で申し込みたい人も、まずはチェックボックスにチェックを入れて正規の価格で申し込む意思を示し、それからクーポンのコードを入力して、最後に価格が210ドルへ割り引かれていることを確認する流れになっていた。そのためほとんどの人が、正規の価格を選択し、クーポンが適用できるのかを確認できないまま「次へ」ボタンを押さなくてはならないのを嫌がっていた。

結論：私たちはこの会社に、クーポンコードの入力はもっと早い段階でしてもらい、割引価格が示された状態でチェックを入れられるようにするべきだと強く勧めた。こうした「クーポン利用」の裏側にはいろいろな心理が隠れているが、そのあたりの細かい話はまた別の機会にしよう。

具体的なアドバイス

・インタビューでは、今何をしているかをユーザーに定期的に尋ね、小さな目標をマッピングし、最終目標へ至る道のりを描き出そう（番号を入力し、映画を選び、日付を選び、映画館の場所を選び、座席を確認して選び、予約するなど）。

・意思決定のジャーニーマップを作成し、ユーザーが情報を必要としている理由、各段階で必要としている情報と必要としてない情報、次に求める情報を特定しよう。

14.

感情

ユーザーの隠れたリアルに目を向ける

ユーザーの論理的なレベルでの行動は把握できているというデザイナーも、もっと深いレベルでの目標はわからないことが多いのではないだろうか。どんな感情が目標を遠ざけ、失敗の恐怖をもたらしているのか。そうした感情は、「ミスター・スポック」さながらの分析的な意思決定にどう影響するか。

この章では、シックス・マインドの最後の一つである感情を扱う（図14-1参照）。感情にまつわる次の六つの疑問への答えを探っていこう。

- 製品やサービスを使うユーザーが味わっている直接的な感情は何か
- ユーザーの自己認識など、人となりに関連するコメントはどれか
- ユーザーの人生の目標は何か
- 一番恐れている事態は何で、その理由はなぜか
- 深いレベルでのユーザーはどんな人間か
- 目標を達成したいと感じている要因は何か

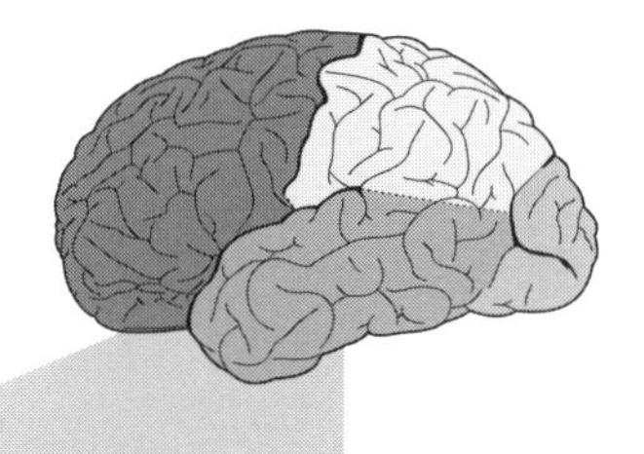

図14-1／感情は皮質の奥深く、脳の基底部で形成される

ユーザーの楽しみを知る
ユーザーの「リアル」と本質

感情については、次の三つの面から考えていきたい。

1. 魅力
   ユーザーは今、何に惹かれているか。独占オファーか、それとも小さな意思決定を促すなんらかの機能か。パスワード入力や検索機能の使用など、感情を呼び覚ます体験中の出来事や刺激は何か
2. 向上
   今後半年間、あるいはそれ以上の期間にわたって、ユーザーの生活の質を向上させたり、大きな価値をもたらしたりするものは何か
3. 覚醒
   ユーザーの心の奥深くに眠る目標や願望を、時間をかけて目覚めさせる（さらには目標の達成を後押しする）ものは何か。自分の性格や、なりたい人物像（よき父親や大金持ち、生活の安定した社会人など）について、どんな感情を抱き、何を恐れているか

どれもまったく異なる性質を持つものだが、この三つは体験の全体的なデザインを検討するうえで極めて重要な意味を持っている。私たちは、ユーザーが深いレベルで自分自身をどう捉えているか、社会のなかでどんな達成感を得たいか、一番怖いことは何かを知る必要がある。そのうえで、直接的な感情を自在に引き出しつつ、同時に心の奥底の目標を呼び覚まして、恐怖を取り除く商品をデザインしなくてはならない。

ちなみに

商品の長所にばかり目を向けたくなる気持ちはわかるが、デザイナーは「人間は何かを得ることを好むよりも、失うことを嫌う生き物である」というダニエル・カーネマンの言葉を忘れてはならない。つまり、ユーザーの恐怖の払拭はとても大切だ。恐怖は、頼んだ商品が期日に届かないといった短期的なものもあれば、なかなか成功できないといった長期的なものもある。ユーザーが最高に楽しんでいることだけでなく、最高に怖がっていることに対応できれば、最高の価値を提供できる。

ケーススタディ　クレジットカードのスキミング

経緯：金融機関の代理で以前、クレジットカードの個人情報を盗まれるスキミング被害に遭った人たちから話を聞いたことがある。被害者たちはとても感情的になりながら、夢のマイホームを買おうとしたら、誰かが自分の情報を勝手に使って別の住宅ローンを組んでいたため、ローンを拒否された話をしてくれた。家というのは、そこで年齢を重ねて子どもを育てるといった「終の住処」のような深い考え方と結びついていて、不当に家を買えない経験は暗い感情を呼び覚ます。その結果、被害者たちはクレジットカードの利用と金融機関に対する恐怖と不信感を抱いていた。

結論：ローンを組めないにせよ、事務用品の店ステープルズでカードが使えないにせよ、顧客はクレジットという考え方に対して非常に感情的な印象を抱いていた。だから、それぞれの意思決定を後押しする方法だけでなく、金融機関に対する見方や不信感そのものをなんとかする必要もあった。そこでこのケースでは、金融機関と直接的に紐付かない、強い感情をなるべく引き出さない製品とサービスを検討した。

ユーザーの夢を理解する
目標とライフステージ、恐怖

次のケーススタディは、夢や目標、恐怖の対象が人生の段階を進むなかで変わっていくことを示したものだ。

ケーススタディ　サイコグラフィック・プロフィール

経緯：私の仕事では、ユーザーを分類し、マーケティングの質を上げるため、「サイコグラフィック・プロフィール」というものを作ることがある。図14-2は、その典型例として作成した架空のプロフィールで、7章でも紹介した金融業界のクライアントの代理として、顧客に訊いた質問の答えが書かれている。インタビューでは、短期的な感情から、人生の最終目標のような長期的な感情まで、さまざまなことを尋ねた。これは、参加者にとっての一種のセラピーだった。

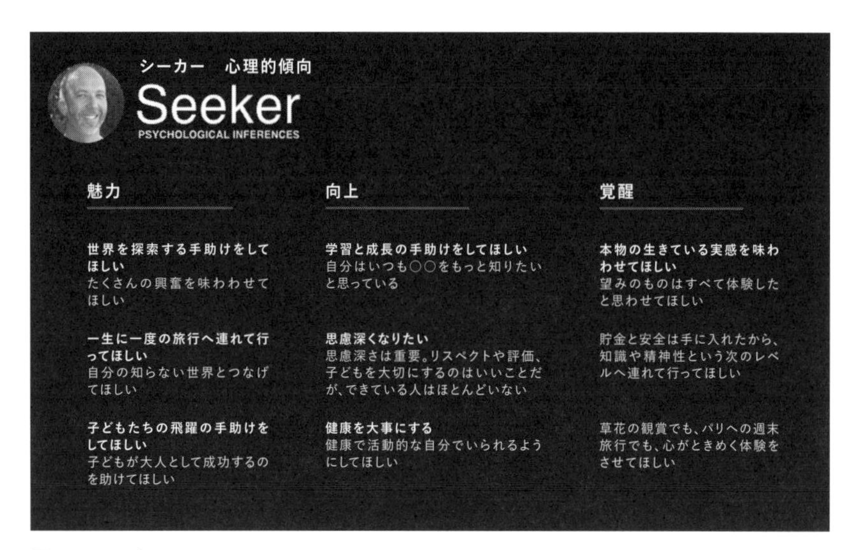

図14-2 ／ 魅力と向上、覚醒からみる顧客の人物像

結論：左の列は、このグループが何に「魅力を感じる」かを表している。コメントから判断すると、彼らは仕事を退職し、子どもも成人した年配の人物で、自由になった時間を使ってオーストラリア旅行、あるいは成人したての子どものキャリアサポートやマイホーム購入の手助けなどをしたいと思っている。

コンテクスチュアル・インタビューを続けるなかでは、オーストラリア旅行のような短期目標だけでなく、何を「向上させたい」かも聞き出せた。このグループは、ピアノを習う、優れたサービスを受ける、ホテル滞在時に尊重される、健康を維持、増進することなどを求めていた。

私たちは長期目標の先へも進み、顧客が「目覚めさせたい」願望を突き止めた。グループの多くは、物質的な成功の先にある知識や精神性、サービス、地域への長期的な貢献といった、一段上の充実感を求め、心の奥底にあるやりたいことへの情熱を呼び覚ましたいと思っていた。願望だけでなく、そうした情熱を満たせなかったときに感じる恐怖のレベルもわかった。そうやって、製品とサービスを通じて呼び覚ましたり、対応したりすべき感情が判明した。

ユーザーの精神性を把握する（実際の人となりと、なりたい人物像）

商品の感情的な魅力を高めるには、エンドユーザーの性格的な特徴、言い換えるならその人物の人間性の根っこや、なりたい人物像も検討する必要がある。

ケーススタディ　泥んこレース

経緯：日々の業務の一環として、泥んこレースに参加しなくてはならない仕事の人は多くない。図14-3はそうしたレースの写真で、参加者の多くは警察官か元軍人、つまり体をよく鍛えている人たちだ。しかし私たちのクライアントは、こうしたレースがファミリー層や「一般人」にウケるかを知りたがった。

結論：この種のレースの参加者を観察するなかで（リアリティのあるコンテクスチュアル・インタビューにするため、私も全身泥まみれになって観察した）、私たちのチームは、参加者がレース後、さらにはレース中にも強い達成感を味わっていることに気づいた。参加者は明らかに、氷のように冷たい水に浸かって走り、有刺鉄線の下を這いずって障害をくぐり抜けるなかで、同時に自分の心の奥深くへ分け入りながらゴールへ向かっていた。目の前の障害を、乗り越えるべき人生のハードルの象徴として捉えていた。

レースのそういった感情的な要素に気づいた私たちは、専用の訓練を積んだ人だけでなく、普通の人にとっても価値のある挑戦になり得ると感じた（しかもレースのレベルを下げる必要もない。この平凡な心理学者でさえ走れたのだから、誰でもできるはずだ）。そこで、感情の要素を活用しながら製品とサービスのデザインを進めていった。参加者には、なんらかの大義があって（がんを克服した、あるいは戦場でのPTSDを乗り越えた証として）走る人もいれば、責任感を見せ、手助けをしたくて友人と一緒に走る人、家族やご近所、ジム仲間と一緒に申し込む人もいる。私たちはそうした深い感情が、レースに申し込み、友人を誘うという意思決定のカギになると考えた。

図14-3 ／ スパルタ障害物競走が呼び覚ます情熱

瞬間的な感情の落とし穴

前の章でも紹介したサティスファイシングは、「じゅうぶんに満足」と「必要じゅうぶん」の中間的な考え方で、そこでは感情が大きくものを言う。情報や感情に圧倒されたとき、人間は一番簡単でわかりやすい解決策を自然と選ぶ。サティスファイシングを行う場面は無数にあり、デジタルインターフェースとのやりとりもそこに含まれる。

ものすごくごちゃついたページを目にして、そのページを離れ、安心確実な好みのページへ移動する人もいるだろう。商品の選択肢、あるいは州の予備選挙の候補を無数に提示され、細かな部分を検討するのが面倒くさくなり、一番目立って見える物や人を選ぶこともあるかもしれない。ストレスがたまっていたり、よく探す時間がなかったりして、割高な商品をパッと買ってしまうケースもある。

ケーススタディ　パニックを起こす若者

経緯：ある広告会社の若手幹部を対象に、コンテクスチュアル・インタビューを実施したときの話をしよう。彼らは大学を卒業してすぐ、ニューヨークの繁華街に社屋を構える有名広告代理店に就職したエリートで、自分のこれからのキャリアを思ってワクワクしていた。大口顧客から広告を大量に購入する仕事を任されることも多く、広告に1日1000万ドルを使う仕事をしてきた。こうした若手を観察するなかで、私たちは、彼らの心に強い感情が渦巻いていることに気づいた。自分が載せるべき広告や載せる駅の判断を誤れば、自分のキャリアだけでなく、「大都市の広告代理店の幹部」にしかできないライフスタイル、さらにはこれまで築きあげてきたセルフイメージが台無しになる。そんな恐怖を感じていた。クリックを一つ間違えれば、そうした夢が霧散し、荷物をまとめて去るという屈辱を味わわなくてはならないと思い込んでいた。そんなふうにナーバスになっていた彼らは、専用の広告分析ツールがあるにもかかわらず、自分で分析を続け、昔ながらの習慣を引きずるというサティスファイスをし、はるかに効率がいい自動化システムを怪しんでいた。

結論：そこで私たちはツールに微調整を加え、すべての広告キャンペーンの統計データをひと目で確認できるようにした。棒グラフや色分けといった目を惹く視覚要素を活用し、理解しやすいシンプルなものを作った。若手幹部の判断に多くの感情が伴っているのがわかっていたから、次に何をすべきかを明確にするツールを作った。

実例から見る感情

この章では、「感情」に関する付せんを見ていこう（図14-4～14-7参照）。

＞「レビューを人気順でソートできるところがすごく好き」

「好き嫌い」に関する言葉を含むコメントが、必ず感情に分類されるわけではない。このコメントも、具体的な機能の話をしているから、視野や空間認識、あるいは期待に添うものだったという観点で記憶に分類してもいいかもしれない。私もいまだに少し迷っているが、一番強く表れているのは喜びの感情だと考えている。

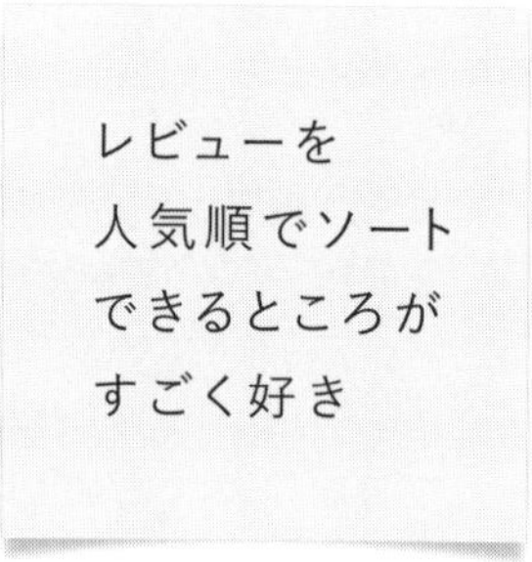

レビューを
人気順でソート
できるところが
すごく好き

図14-4 ／
観察したところ、
感情的な言葉が必ずしも
感情的な反応を示しているとは
限らないことがわかった

＞「役職（上級副社長）にふさわしい服がほしい」

このコメントは、一見すると、具体的な刺激と結びついた直接的な感情に関するものに思える。しかしここには、この章で話してきた（もう少し高潔なものの可能性もあるが）もっと深い感情も表れている。表面的には、あるタイプの服装を探しているように思えるが、私としては、ある種の人物像やイメージを体現したい、そう見られたいという深い願望が隠れていると思う。具体的にはおそらく、力のある人間に見られたい、それなりの扱いを受けたい、きちんとした車に乗りたいといった、この人物が「成功」の象徴と考える姿を実現したいという願望だろう。

役職(上級副社長)に
ふさわしい服が
ほしい

図14-5 ／
決断における深い感情が
関わっているようだ

›「このストアのレビューは サクラを使ったでっち上げだから信用しない！」

これは感情そのものに思える。ユーザーにとって、ECサイトを使う際の大きなハードルになるのが信用や信頼だ。こうした恐怖を取り除くには、どんなふうにレビューを表示すればいいだろうか。

このストアの
レビューは
サクラを使った
でっち上げだから
信用しない！

図14-6 ／
商品外のなんらかの
要因が強い感情的反応を
引き出していた

ちなみに

すでに少し述べたが、ユーザーからのフィードバックは総合的に判断しよう。実はこのコメントを残したユーザーは、「またやけどをするのが怖い」、さらには「『コンシューマー・レポート』のような雑誌と同じように、商品を比較検討したい」ということも言っている。それらを総合すると、この人物がオンラインショッピング全般に不信感を抱いていることがわかる。こういうコメントが見つかった場合は、ナーバスなタイプのユーザー向けに、サイトの信頼度を高める方法を考えたいところだ。

> **「間違って商品を購入してしまわないか心配」**

このコメントには、どういった具体的な行動が、何を間違って買う不安につながっているのかが書かれていない。そのため私としては、深い感情ではなく直接的な感情として検討すべきだと感じる。

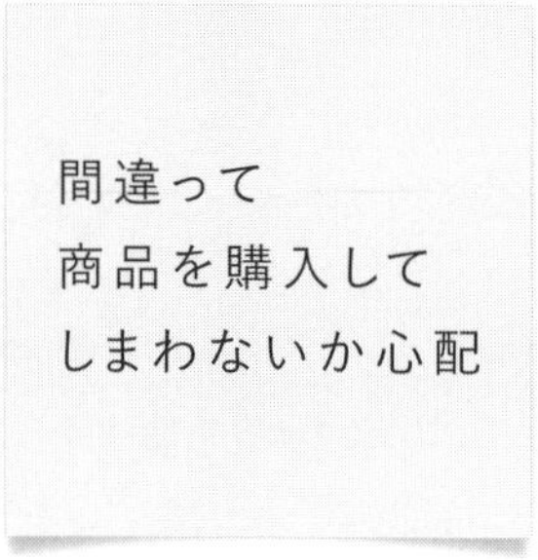

間違って
商品を購入して
しまわないか心配

図14-7／
観察したところ、直接的で感情的なコメントだった

具体的なアドバイス

- 当たり障りないものから重大なものへ、段階的にインタビューが進んでいくような質問を考えよう（たとえば、財布のなかに入っているクレジットカードの種類を尋ねることから始めて、週末にやりたいこと、最も幸せを感じる瞬間、今年の目標、成功の基準、成功を阻む要因として一番恐れていることなどを順番に訊いていく）
- 今の場面でのユーザーの目標（服を買うなど）が、人生の全体像（結婚相手が見つかった興奮、若さを取り戻したいという願い、プロになったと感じ、重要人物に思われたいという望みなど）にどう当てはまるかを見極めよう
- 人物像を描き出す際は、対象が人生のどのライフステージにいて、どんな大きな恐怖を抱いているかをしっかり把握しよう（年齢を重ねていて、新しい仕事が見つかるか不安に思っているなど）。恐怖はとっぴな決断を招く強力な要因になる
- ユーザーのその決断に何が懸かっているかを推察しよう（悪いものを食べてもクビにはならないが、選挙に向けた分析を誤ればクビになりかねない）

Part III

シックス・マインドのデザインへの応用

大学院の博士課程に通っていたころ、ものすごく変わり者の教授のゼミを取ったことがある。その教授は3時間の授業中、2時間半を「だから何？だからなんだっていうの？」というセリフに費やしていた。学生たちはみんな恐れをなしていたが、教授がこの挑発的な言葉で言いたかったのはこういうことだった。「それのどこが重要なのか。どう活用すればいいのか」

この第III部は、言ってみればシックス・マインドの「だから何？」だ。集めたデータを使って何をすればいいのか。そこから何を引き出すのか。証拠のかけらからインサイトを導き出すにはどうすればいいのか。そして、そのインサイトを製品やサービスのデザインにどう活かすのか。得た情報を顧客の利益にするにはどうすればいいのか。

端的に言うなら、デザイナーはエンドユーザーに関する情報や理解をどう使って、製品やサービスを改善すればいいのか。

ここからの各章では、シックス・マインドに関するデータを活用して、現在のインターフェースが機能しているかを判断し、ユーザーの考える理想的な体験をもたらすデザインへ変更する方法を解説する。認知を踏まえたデザインが、実際にデジタル商品のデザインに影響した例も紹介する。

そして最後に、この本で解説した内容を日々の仕事に取り入れる方法も解説する。たくさんのデザイナーと一緒に仕事をしてきた私を信頼してほしい。私の手元には、この本のアプローチを認めない上司やデベロッパーに立ち向かうデザイナー向けの武器が揃っている。

15.

センスメイキング
ユーザーの分類

第Ⅱ部で、私たちはコンテクスチュアル・インタビューを通じてデータを集め、それをシックス・マインドの枠組みに従って分類した。ここからは、次の二つの大きな目標に取りかかろう。

・専門知識のレベル、不安感など、シックス・マインドからみた参加者の共通項を見つけ出す
・ニーズの差（初心者と経験を積んだ専門家、スーパーバイザーとアナリスト、親と子どもの違いなど）、さらには関連要素（言葉遣い、サブ目標、抱えている想定など）を基準に顧客を類型化し、サイコグラフィック・プロフィールを作成する

また章の最後では、別の分類システムである共感マップを紹介し、これが製品やサービスのデザインの改善方法としては問題がある理由を説明する。

共通項からサイコグラフィック・プロフィールを描き出す

シックス・マインドの枠組みを使いながら、第Ⅱ部でも紹介したコンテクスチュアル・インタビューの調査結果を見直していこう。私たちはすでに、シックス・マインドを基準に付せんの分類を済ませた。ここからはそれぞれのコメントに目を向け、各参加者の考えに関連性や隠れた共通項がないかを探っていこう（図15-1参照）。

A

意思決定	言語	感情	記憶	空間認識	視野
不安「5000ドルで買った椅子が配送中に傷ついたらどうしよう?」	椅子を探してほしいと言われたので、「イームズのミッドセンチュリー・ラウンジチェア」を探した	役職(上級副社長)にふさわしい服がほしい	検索ボックスに予測変換機能があると思っていた	表紙の画像をクリックしたら、目次が表示されるものだと思っていた	「一時保存」機能が見つからなかった
レビューを人気順でソートできるところがすごく好き	ショッピングカートがどこにあるかわからず、あとでショッピング「バッグ」がカートだと気づいた			映画の予告編を再生するボタンが見当たらない	

B

意思決定	言語	感情	記憶	空間認識	視野
ペイパルが使えるかをすぐ知りたい	デウォルトの2段階スピード調節機能付き・20ボルトのコードレス電動ドリルを探した	また買い物で「やけどする」のが怖いので、「バッグに入れる」前に返品のポリシーを知りたい	『コンシューマー・レポート』誌みたいに、商品を並べて比較したい	商品の画像を拡大する方法がわからなかった	「結果に戻る」のリンクに気づかず、「戻る」ボタンを探してしまった
		このストアのレビューはサクラを使ったでっち上げだから信用しない!		検索結果に戻る方法がわからず、ストアロゴをクリックするしかなかった	

C

意思決定	言語	感情	記憶	空間認識	視野
ノートPCで簡単に映画を購入し、TVへ送る機能がほしい	1080P、もしくは4K UHD画質で再生できるか知りたい		「腐ったトマト」を押したら映画のレビューが見られると思っていた	映画をクリックしたら、本編ではなくまずプレビューが再生されると思っていた	映画のリストの並びがあまりに細かくて、文字が多すぎるように感じる
				「フィルムノワール」のジャンルでフィルターをかけて検索したい	どれが会員専用の映画なのかわからない

D

意思決定	言語	感情	記憶	空間認識	視野
アパートのドアから運び込める大きさの冷蔵庫か知りたい	「自転車」を検索したら大会用のロードバイクが表示された		「インスタグラム」みたいにシェアできると思っていた	携帯電話でやるように、スワイプすればブラウズできるものだと思っていた	ホームページに文字が多すぎてごちゃごちゃして見えた
			商品ページでクーポンを入力し、安くできないのに驚いた	このアプリでは、音声認識がうまく作動しなくてイライラする	
			スティッチフィックスみたいに教えてほしかった		

E

意思決定	言語	感情	記憶	空間認識	視野
	「支払いカウンター」ページへ行く方法がわからなかった	間違って商品を購入してしまわないか心配		戻るボタンを押すと毎回トップページへ戻される	ホームページがごちゃごちゃしていて気後れする。「情報が多すぎる!」
	「おもちゃ」のカテゴリーで、暗い場所で光るフリスビーを探したけど見つからなかった	不安要素「こういうとき、いつもは孫が助けてくれるのだけど」		商品の細かい部分の見方がわからない	
		クレジットカードを使っても平気な安全なサイトかわからない。「電話で注文できる?」		「電話のなかのお友だち(Siri)」みたいに、それが本当に自分の探しているものかを教えてほしい	
				製品ページで商品名をクリックしても何も起こらず、押すのが面倒になった	

図15-1 ／ コンテクスチュアル・インタビューの調査結果をシックス・マインドの基準に沿って分類したもの

言語

言語の列を見ていくと、A～Cの参加者は「イームズのミッドセンチュリー・ラウンジチェア」「デウォルトの2段階スピード調節機能付き・20ボルトのコードレス電動ドリル」「1080P、もしくは4K UHD画質」というように、探している商品はそれぞれ大きく異なるものの、かなり専門的な言葉を使って話をしている。つまりプロではないにしても、分野に詳しく知識も豊富な専門家であることが窺える。

	意思決定	言語	感情	記憶	空間認識	視野
A	不安「5000ドルで買った椅子が配送中に傷ついたらどうしよう?」 レビューを人気順でソートできるところがすごく好き	椅子を探してほしいと言われたので、「イームズのミッドセンチュリー・ラウンジチェア」を探した ショッピングカートがどこにあるかわからず、あとでショッピング「バッグ」がカートだと気づいた	役職(上級副社長)にふさわしい服がほしい	検索ボックスに予測変換機能があると思っていた	表紙の画像をクリックしたら、目次が表示されるものだと思っていた 映画の予告編を再生するボタンが見当たらない	「一時保存」機能が見つからなかった
B	ペイパルが使えるかをすぐ知りたい	デウォルトの2段階スピード調節機能付き・20ボルトのコードレス電動ドリルを探した	また買い物で「やけどする」のが怖いので、「バッグに入れる」前に返品のポリシーを知りたい このストアのレビューはサクラを使ったでっち上げだから信用しない!	『コンシューマー・レポート』誌みたいに、商品を並べて比較したい	商品の画像を拡大する方法がわからなかった 検索結果に戻る方法がわからず、ストアロゴをクリックするしかなかった	「結果に戻る」のリンクに気づかず、「戻る」ボタンを探してしまった
C	ノートPCで簡単に映画を購入し、TVへ送る機能がほしい	1080P、もしくは4K UHD画質で再生できるか知りたい		「腐ったトマト」を押したら映画のレビューが見られると思っていた	映画をクリックしたら、本編ではなくまずプレビューが再生されると思っていた 「フィルムノワール」のジャンルでフィルターをかけて検索したい	映画のリストの並びがあまりに細かくて、文字が多すぎるように感じる どれが会員専用の映画なのかわからない

専門家

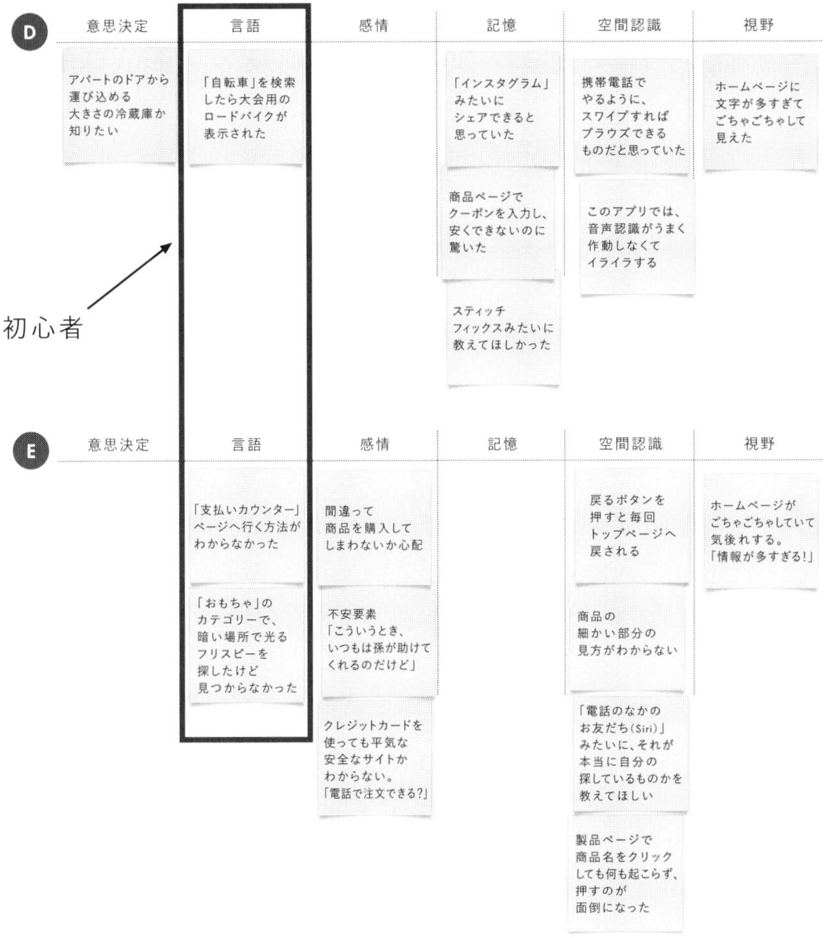

D

意思決定	言語	感情	記憶	空間認識	視野
アパートのドアから運び込める大きさの冷蔵庫か知りたい	「自転車」を検索したら大会用のロードバイクが表示された		「インスタグラム」みたいにシェアできると思っていた	携帯電話でやるように、スワイプすればブラウズできるものだと思っていた	ホームページに文字が多すぎてごちゃごちゃして見えた
			商品ページでクーポンを入力し、安くできないのに驚いた	このアプリでは、音声認識がうまく作動しなくてイライラする	
			スティッチフィックスみたいに教えてほしかった		

初心者

E

意思決定	言語	感情	記憶	空間認識	視野
	「支払いカウンター」ページへ行く方法がわからなかった	間違って商品を購入してしまわないか心配		戻るボタンを押すと毎回トップページへ戻される	ホームページがごちゃごちゃしていて気後れする。「情報が多すぎる!」
	「おもちゃ」のカテゴリーで、暗い場所で光るフリスビーを探したけど見つからなかった	不安要素「こういうとき、いつもは孫が助けてくれるのだけど」		商品の細かい部分の見方がわからない	
		クレジットカードを使っても平気な安全なサイトかわからない。「電話で注文できる?」		「電話のなかのお友だち(Siri)」みたいに、それが本当に自分の探しているものかを教えてほしい	
				製品ページで商品名をクリックしても何も起こらず、押すのが面倒になった	

図15-2 ／ 言語の面での参加者の共通項を探す

対照的に、Dさんは自転車を検索したら大会用のロードバイクが見つかり、Eさんは「おもちゃ」と入力して暗闇で光るフリスビーを探していた。またEさんは「アマゾンの支払い」や「クイックペイ」とは言わず、「支払いカウンター」と言っており、オンラインショッピングの経験が浅いと思われる。こうやって言語の項目を見るだけでも、参加者を専門知識の豊富な人、オンラインショッピングの初心者に近い人にグループ分けできることがわかる。ここからさらに掘り下げ、インターフェースの使い方が専門家と初心者でどう違うのかを調べ、各参加者に共通項があるかどうかを確認するのもいいだろう。

もっとも、これは出発点に過ぎない。私たちの最終目標は、参加者を一つのカテゴリーに押し込むことではなく、さまざまな側面から共通項を見つけることだ。六つの「マインド」という側面を使えば、参加者を多角的に分析できる。

感情

次に感情の項目を見ていこう（図15-3）。調査結果から、BさんとEさんは今の状況に大きな不安を感じ、何かよくないことが起こる、あるいは「またやけどする」のを怖がっているようだ。ユーザーがなんらかの事態を不安視している状況で、次のステップへ進んでもらうには、こういう不安や遠慮に目を向ける必要がある。2人が必要としているのは安心だろう。対してA、C、Dの参加者には、特定の感情やためらいはみられない。

ほかにBさんとEさんに共通する項目があるかを見ていくと、空間認識の方法や探している情報には共通項があるかもしれない。逆にA、C、Dの参加者はこのプロセスを事務的に進めているようだ。

A

意思決定	言語	感情	記憶	空間認識	視野
不安「5000ドルで買った椅子が配送中に傷ついたらどうしよう?」	椅子を探してほしいと言われたので、「イームズのミッドセンチュリー・ラウンジチェア」を探した	役職(上級副社長)にふさわしい服がほしい	検索ボックスに予測変換機能があると思っていた	表紙の画像をクリックしたら、目次が表示されるものだと思っていた	「一時保存」機能が見つからなかった
レビューを人気順でソートできるところがすごく好き	ショッピングカートがどこにあるかわからず、あとでショッピング「バッグ」がカートだと気づいた			映画の予告編を再生するボタンが見当たらない	

C

意思決定	言語	感情	記憶	空間認識	視野
ノートPCで簡単に映画を購入し、TVへ送る機能がほしい	1080P、もしくは4K UHD画質で再生できるか知りたい		「腐ったトマト」を押したら映画のレビューが見られると思っていた	映画をクリックしたら、本編ではなくまずプレビューが再生されると思っていた	映画のリストの並びがあまりに細かくて、文字が多すぎるように感じる
				「フィルムノワール」のジャンルでフィルターをかけて検索したい	どれが会員専用の映画なのかわからない

ニュートラルな感情

D

意思決定	言語	感情	記憶	空間認識	視野
アパートのドアから運び込める大きさの冷蔵庫か知りたい	「自転車」を検索したら大会用のロードバイクが表示された		「インスタグラム」みたいにシェアできると思っていた	携帯電話でやるように、スワイプすればブラウズできるものだと思っていた	ホームページに文字が多すぎてごちゃごちゃして見えた
			商品ページでクーポンを入力し、安くできないのに驚いた	このアプリでは、音声認識がうまく作動しなくてイライラする	
			スティッチフィックスみたいに教えてほしかった		

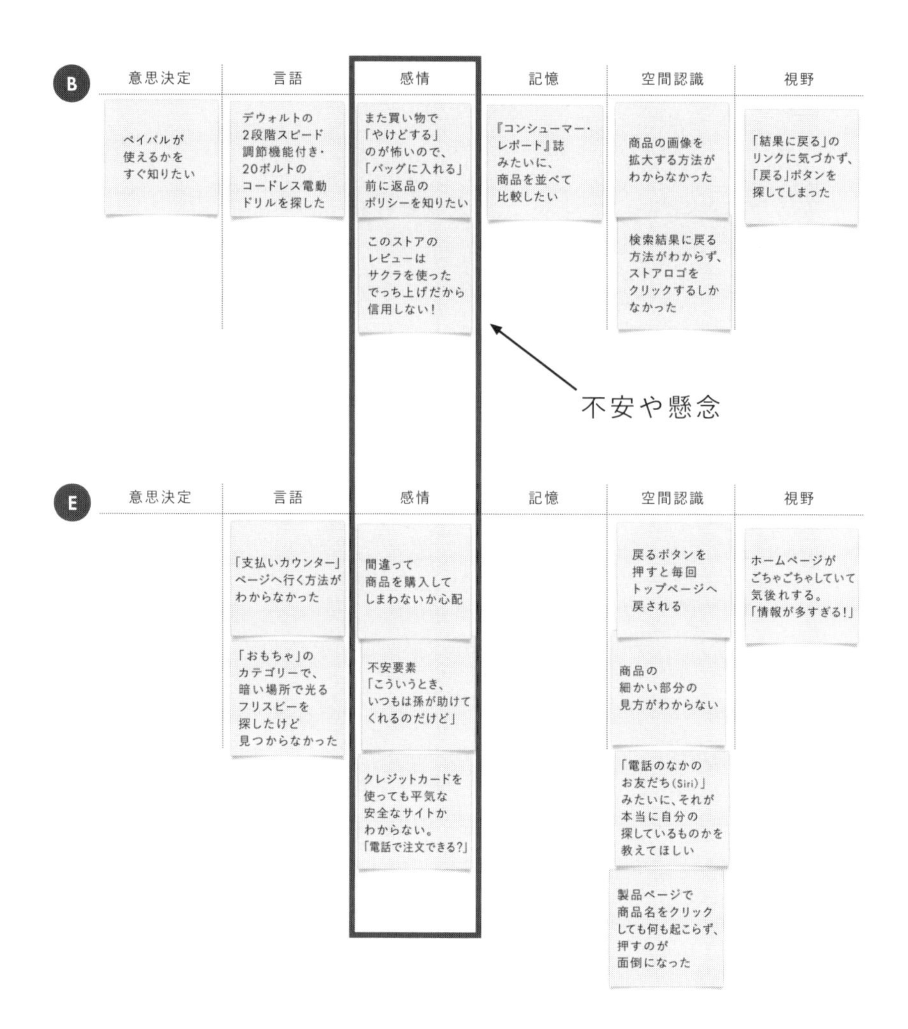

図15-3 ／ 感情の面での参加者の共通項を探す

このように、参加者はさまざまな側面から光を当て、グループ分けをしていく必要がある。その際は、複数項目で共通項が見つかるのが望ましい。この本では、わかりやすくするために紹介するコメントの数を絞ったが、実際は24〜40人とかなり多くの参加者からデータを集めるので、分類方法にもよるが1グループの人数は4〜10人くらいになる。

空間認識

空間認識の項目を見てみると、Dさん以外はユーザー体験、もしくはノートPCの使い方に問題を抱えていることがわかる（図15-4参照）。対してDさんは、まったく別のアプローチで体験に臨み、「電話みたいにスワイプしたい」、もしくは音声認識を使いたいと話しているため、この種のテクノロジーに慣れ親しみ、ほかの人より一段上の知識を持っていることが推察できる。空間認識というレンズをとおして見ると、インターフェースは同じでも、使っているツール、さらにはインタラクションデザインと専門性のレベルに対する想定は、参加者によって大きく異なるのがわかる。

A

意思決定	言語	感情	記憶	空間認識	視野
不安「5000ドルで買った椅子が配送中に傷ついたらどうしよう?」	椅子を探してほしいと言われたので、「イームズのミッドセンチュリー・ラウンジチェア」を探した	役職(上級副社長)にふさわしい服がほしい	検索ボックスに予測変換機能があると思っていた	表紙の画像をクリックしたら、目次が表示されるものだと思っていた	「一時保存」機能が見つからなかった
レビューを人気順でソートできるところがすごく好き	ショッピングカートがどこにあるかわからず、あとでショッピング「バッグ」がカートだと気づいた			映画の予告編を再生するボタンが見当たらない	

B

意思決定	言語	感情	記憶	空間認識	視野
ペイパルが使えるかをすぐ知りたい	デウォルトの2段階スピード調節機能付き・20ボルトのコードレス電動ドリルを探した	また買い物で「やけどする」のが怖いので、「バッグに入れる」前に返品のポリシーを知りたい	『コンシューマー・レポート』誌みたいに、商品を並べて比較したい	商品の画像を拡大する方法がわからなかった	「結果に戻る」のリンクに気づかず、「戻る」ボタンを探してしまった
		このストアのレビューはサクラを使ったでっち上げだから信用しない!		検索結果に戻る方法がわからず、ストアロゴをクリックするしかなかった	

C

意思決定	言語	感情	記憶	空間認識	視野
ノートPCで簡単に映画を購入し、TVへ送る機能がほしい	1080P、もしくは4K UHD画質で再生できるか知りたい		「腐ったトマト」を押したら映画のレビューが見られると思っていた	映画をクリックしたら、本編ではなくまずプレビューが再生されると思っていた	映画のリストの並びがあまりに細かくて、文字が多すぎるように感じる
				「フィルムノワール」のジャンルでフィルターをかけて検索したい	どれが会員専用の映画なのかわからない

E

意思決定	言語	感情	記憶	空間認識	視野
	「支払いカウンター」ページへ行く方法がわからなかった	間違って商品を購入してしまわないか心配		戻るボタンを押すと毎回トップページへ戻される	ホームページがごちゃごちゃしていて気後れする。「情報が多すぎる!」
	「おもちゃ」のカテゴリーで、暗い場所で光るフリスビーを探したけど見つからなかった	不安要素「こういうとき、いつもは孫が助けてくれるのだけど」		商品の細かい部分の見方がわからない	
		クレジットカードを使っても平気な安全なサイトかわからない。「電話で注文できる?」		「電話のなかのお友だち(Siri)」みたいに、それが本当に自分の探しているものかを教えてほしい	
				製品ページで商品名をクリックしても何も起こらず、押すのが面倒になった	

コンピュータ体験がらみのトラブル

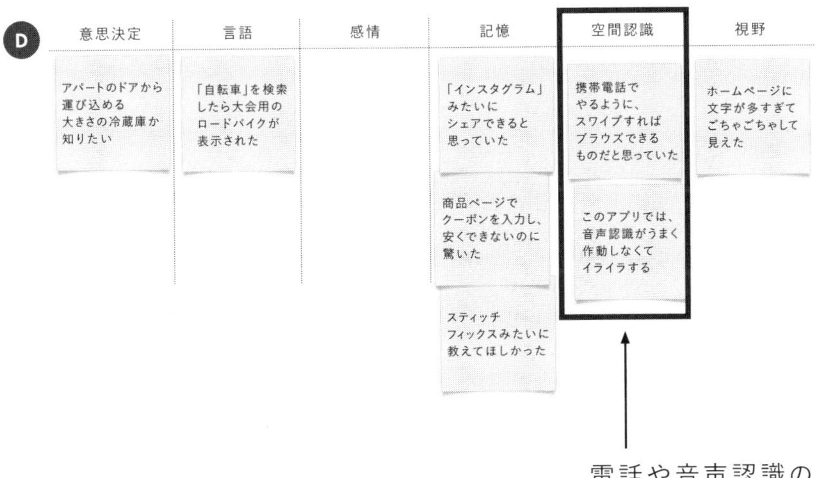

図15-4 ／ 空間認識における参加者の共通項を探す

ここまで、三つの項目を基準にユーザーをグループ分けする方法を紹介してきた。では、デザインを改善するにはどのグループをピックアップするのが一番理にかなっているのか。調査によっては、たくさんの参加者を一つのグループにまとめられる大きな共通項が見つかることもあれば、お互いに共通項のないグループが複数できることもある。

参加者の類型化

ユーザーの類型化の方法をわかりやすく紹介するには、実例を使うのが一番だ。そこでほんの数例ではあるが、ケーススタディを使いながらグループ分けの感触を掴んでもらいたいと思う。

ケーススタディ　ミレニアル世代の金銭感覚

世界中で使われているオンライン決済システム（みなさんも聞いたことがあるはずのシステムだ）の会社とのプロジェクトで、私たちのチームはミレニアル世代を対象にコンテクスチュアル・インタビューを実施し、彼らのお金の使い方や管理の仕方、さらには金銭的な成功の基準を明らかにすることを試みた。

ここでもポイントは、「参加者をどう分類するか」だった。図15-5は参加者から集めたコメントを個人別にまとめたもので、写真では何人か分を示している。

図15-5／参加者の関連データを縦に並べてまとめたもの

この調査では、人生を冒険と捉えるタイプという共通項を持ったグループが見つかった。このライフスタイルが、グループのお金にまつわる決断に大きく影響をしていて、ある程度のお金を貯めたらインスタ映えする冒険にすぐお金を使う傾向があった。このグループは、そうした行動を通じて幸せを感じ、新しい体験や冒険を味わうことを心の奥底の目標として抱いていた。お金と時間を冒険や旅行につぎ込んでいた。つまりこのグループにとって、深い感情のレベルで本当に価値があるのは、物ではなく体験だった。

また、感情の項目をよく見てみると、ミレニアル世代が自分を職業や性格のような従来どおりの分け方で捉えていないことがわかった。彼らはしてみたい体験にアイデンティティを見いだしていた。

社会学的には、このタイプは扇動者と呼ばれ、ほかの人を巻き込む傾向がある。だから新しい可能性や、コード（言語）を知っている安いチケットを示せばすぐに跳びついてくる（関心）。インスタグラムやピンタレストといったSNSの扱いにも習熟していて、新しい場所の情報を共有し、新しい場所について学んでいる（インスタグラムのようなアプリ内の移動能力と、新しい場所の見つけ方に関する物理的な移動能力という、両方の意味での空間認識）。

このように、シックス・マインドの枠組みを使うことで、私たちは参加者に関するいくつかの発見をした（オンライン決済システムの会社の代理で行った調査なので、主に行ったのはお金の使い方に関するグループ分けだった）。

› 意思決定

参加者は、新しい体験をするという目標に沿ってどうお金を使うかを判断していた。今を生きることを重視しているため、長期的な資産運用に力を入れている様子はまったくなかった。

› 感情

冒険に乗り出す機会をできるだけ増やすことが最優先で、その幸せを邪魔するものはすべてネガティブに捉えていた。逆に言えば、世界を飛びまわるライフスタイルの実現につながる決済システムには好印象を持っていた。

› 言語

旅行サイトや特別なフライトについて、驚くほどの語彙と知識を持っており、航空運賃のコード（航空運賃にコードがあるのをご存知だろうか）まで知っていた。旅行の専門家なので、マイレージサービスや手荷物にかかる料金、レンタカーについて専門用語で話していた。

調査ではほかのタイプのユーザーも確認したが、ここでは実際のグループ分けの感触を掴んでもらうことが目的だ。特に意思決定と感情、いくつかの言語を基準に参加者を分類した経緯を知ってもらうためなので、残りについて多くは語らない。アプリの使い方（空間認識）や参加者の使うメタファー（記憶）といった残りの側面は、このグループの人生の軸である冒険の中核概念ではなかった。

これはユーザーの類型化ではよくある現象で、シックス・マインドのなかでは意思決定と感情が重要な意味を持つケースが多い。一方でフォトショップのようなプログラムのデザイナーが、インターフェースのデザインに関する調査を行えば、グループ分けでは視野や空間認識の影響が大きくなるだろう。

ケーススタディ　クレジットに対する信頼

もう一つ、今度は金融部門の一流企業の代理で行った調査を実例として紹介したい。私たちは、何割くらいの人が自分の信用スコアと、それが与える影響を把握しているかを調査した。また、フィッシング詐欺に関する全体的な知識のレベルも測りたかった。

調査ではいくつかのタイプが見つかったが、ここではそのなかの一つ、恐怖と不安に囚われたグループについて解説しよう。彼らにとって、金融取引はほかのグループよりも感情的な体験だった。ルースという仮名のある女性は、事前にカード情報を盗まれ、雑貨店でクレジットカードが使えなかった経験を信じられないほど恥ずかしく思っていた。その経験が不安や拒絶、無力感、恐怖、圧倒される感覚につながっていた。

ルースのような類型の顧客は、とにかく問題（感情）から逃げようとしていた。ほかのグループが、自分を守るためにクレジットカードのことを学び、行動しようとしているのに対し、恐怖と不安に囚われたグループは、ショックのあまり動けずにいた（意思決定）。そして問題にまた出くわす状況を避け、消極的な弱腰の姿勢を取っていた(関心)。自分たちをクレジットカードに精通したタイプとは考えず、それがカードの問題に対する話し方に表れていた（言語）。

このタイプのサイコグラフィック・プロフィールでは、クレジットカードがらみの状況に対する感情的な反応が大きなウェイトを占め、それが独特の意思決定のパターンや、初心者めいた言葉遣い、リスク回避への意識の乏しさなどにつながっていた。

社内の想定に異議を唱える

今紹介した二つの例では、意思決定と感情、言語を基準に、認知を活用したかなり複雑なプロセスをへて、利用者全般、もしくはターゲットユーザー層の分類を行った。しかしみなさんのそばには、別の方法でユーザーのセグメント化を行っている上司やマネージャーがいるだろう。「私たちに必要なのは、この年齢層で、このくらいの所得があり、これだけの社会経済的な状況と資格を持った顧客層だ」と言うようなタイプだ。ここからは、そうした想定に異議を唱える方法を教えよう。

自分の分析が昨年の大きなパターンと矛盾するものだったら、強い反論があることを覚悟しよう。そして恐れずに「いえ、われわれのデータから見れば、その考えは正しくありません」と言い、証拠を示そう。正しいことが証明できているなら、引き下がらず古い想定に疑問符を付けよう。

可能であれば、サンプルは少なくとも24人から回収したい。その24人が人口動態変数、あるいは人種の面で多様な構成になっていればなおいい。「データのひずみなのでは?」という反論への答えになるからだ。幅広くサンプルを集めておけば、「いいえ、そう考えている人は1人や2人ではありません」と言える。

同僚の古くさい考え方だけでなく、自分の先入観が問題になることもある。見つかったデータが、自分のこれまでの考えやデータの整理の仕方と矛盾する場合があるのだ。その際は、先入観という名のレンズをとおしてデータを見るのではなく、ありのまま正確に提示してほしい。

8章で、コンテクスチュアル・インタビューは「白紙の状態」で行ってほしい、事前の想定は捨て、まっさらな心でデータが語る内容に向き合おうと言ったのを覚えているだろうか。同じことがユーザーの分類でも言える。データを見るときは、できるだけ仮説は持たないようにしてほしい。これは統計的に証明されている話なのだが、「○○なのはわかっている」という考えの人間は、その○○を証明するデータを探す傾向がある。そうではなく、別の可能性を検証する分析家になり、さまざまな可能性に対してオープンな姿勢を保ってほしい。自分の仮説を裏付ける情報だけを探すのではなく、さまざまな可能性を潰していくことを常に考えよう。それぞれの参加者が心のなかに持っている感情に注意深く目を向けよう。参加者は問題の空間をどう移動し、そこで何を見つけ出しているか。どんな過去の経験がグループ分けに影響し、グループはその体験にどのくらい依存しているか。

12章で紹介した小さな会社の社長のケースでは、私たちは何度も言ったり来たりしながら、どんな要素が分類に影響しているかを検討した。そして、社長たちがまったく異なる二つの視点で問題を解決し、また言葉遣いや専門性のレベルもテーマによって大きく差がある（ものづくりの専門知識と経営の専門知識など）ことがわかった。いくつかのパターンが見つかった。そして最終的な分類を決めるには、パターンがどのグループに当てはまるかを幅広く検証し、データにしっかり基づいたものにする必要があった。

最後にもう一つ、可能であれば、参加者を意思決定や感情といった重要度の高い項目に沿って分類してほしい。表面的な観察結果に従って分類を始めたくなる気持ちはわかるが、行動の深い要因と根源的な目標を探り出してほしい。ユーザーの心の奥底へ入り、彼らの意思決定に影響している巨大なむき出しの感情を明らかにしよう。

共感マップの問題点

エンパシーリサーチになじみのある人なら、「見る／考える・感じる／言う・やる／聞く」を基準にした共感マップについて聞いたことがあるかもしれない（図15-6参照）。このツールは非常に人気で、多くの研究グループが、ユーザーに共感するメカニズムとして使っている。ユーザーの分類に使われることもある。

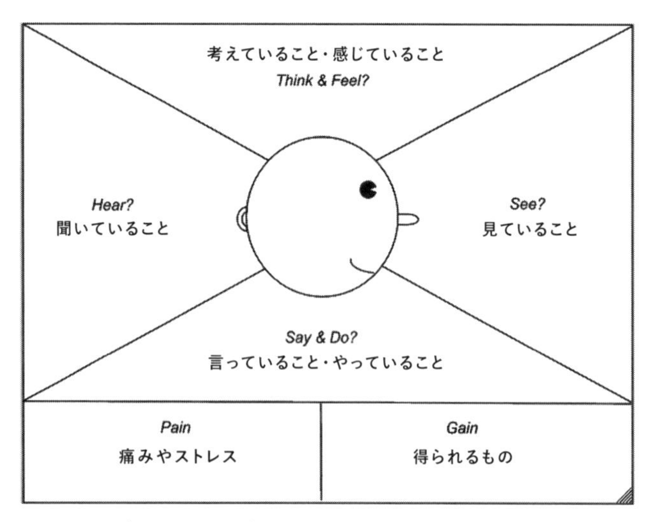

図15-6 ／ 共感マップ

エンパシーリサーチのプロジェクトでは、こうした図を使うことが多い。この図では、調査の参加者に次の4点を尋ねる。

・何を見ているか
・何を感じ、考えているか
・何を言い、行っているか
・何を聞いているか（この部分を省いた図もある）

共感マップには、得られるものと痛みやストレスの項目もあり、「ユーザーが困っている部分はどこか（痛み）」と「改善点はどこにあるか（得られるもの）」も考える。この共感マップが、シックス・マインドとよく似ていると考える人がいる。そこでここからは、二つの違いを詳しく見ていくことにしよう。

› 見ていること

ひと目見た感じでは、「視野」と非常によく似ているように思えるが、思い出してほしい。シックス・マインドで何を見ているかを考える場合、知りたいのはユーザーが実際に何を見て、何に関心を向けているかであって、必ずしもユーザーの目の前に何があるかではなかった。両者は同じとは限らない。大事なのは、ユーザーの視点で考え、彼らが本当の意味で何を探しているかを考慮することだ。共感マップでは「ユーザーが何を見て**いない**か」という重要な視点も欠けている。シックス・マインドでは、ユーザーが探しているもの、探している理由を明らかにすることが目的だ。だから関心の対象も検討しなくてはならない。

› 感じていること

こちらも「感情」の同義語のようにみえるが、よく考えてみよう。共感マップの「感じること」はユーザーの特定のインターフェースに対する直接的な感情で、そこでは「今この瞬間、ユーザーが何を体験しているか」が問題になる。しかしシックス・マインドでは、デザインの観点から、もっと深い感情の源のほうに注目する。ユーザーが達成しようとしている目標は何で、その理由は何か。目標を達成できなかった場合に起こることを恐れているか。心の奥底にある不安材料は何か。言い換えるなら、私たちはインターフェースに対する直接の反応の奥に分け入って、もっと根本的な不安を考える必要がある。

› 言っていること

共感マップでは、言っていることとやっていることが併記されるケースがほとんどだが、ここでは「言っていること」に注目してみよう。そもそも、ユーザーの発言内容をただ報告するという考え方が私にはよくわからない。結局のところ、ユーザーの言葉はすべてシックス・マインドのどれかに分類される。達成したい目標に関するコメントは、「意思決定」に分類できるし、何かを使う様子をしゃべっているなら、「空間認識」に当てはまるだろう。感情的なコメントを残す人もいるかもしれない。しかし、第II部の「言語」に関する章で紹介した観察結果と付せんを思い出せば、そこに分類されるのはユーザーが言った内容のすべてではなく、特定のインターフェースで使われている用語に関するコメントだったはずだ。つまり、注目すべきはユーザーの専門知識のレベルに関係のある言葉、商品を使う途中で出てくると予想している用語なのだ。ユーザーの口から出てくる言葉をすべて「言っていること」に分類するのは、あまりにも安直で、そのコメントが何を意味しているのかという視点が欠けている。それに、このやり方では言葉遣いから全体的な専門性のレベルを測るのも難しい。製品やサービスのデザインに影響を及ぼせる企業が、こういう分け方をしていてはいけない。

› やっていること

シックス・マインドの「空間認識」の視点では、ユーザーのインターフェース内の移動方法や、サービスの利用方法に注目し、「プロセスのどこにいると思いますか?」や「次のステップへはどうすれば進めると思いますか?」といった質問をする。空間認識を考えるのは、ユーザーが製品やサービスの仕組みをどう認識し、その認識に基づいて何をし、何をできると思っているかを明らかにしたいからだ。単に振る舞い（「やっていること」）を記述するだけでも役には立つが、じゅうぶんではない。

› 意思決定（共感マップにない部分）

共感マップでは、この「意思決定」という視点が欠けているように思う（「やっていること」は近いが）。この方法では、ユーザーがどう問題を解決しようとしているかがわからない。意思決定や問題解決では、ユーザーがどうすれば解決できると思っているか、決断の空間を動きまわるのに使えると思っている要素は何かを突き止める必要がある。

› **記憶**（共感マップにない部分）

「記憶」も共感マップで軽視されている要素だ。しかしデザインでは、ユーザーが問題を解決するのに使っているメタファーや、新しい体験に適用しようとしているやりとりのスタイルの想定を知る必要がある。それにはユーザーも自覚していない、言葉や言動の端々に表れる過去の体験や予測（アマゾンを利用した経験をもとに本の購入体験がどんなものかを予測する、着席式のレストランにはウェイターと白いテーブルクロスがあると思っているなど）を知らなくてはならない。共感マップには、こうした記憶に基づいたユーザーの思考の枠組みが抜け落ちている。

このように、共感マップも作らないよりはいいが、デザイナーが検討すべき重要な要素が欠けているし、検討している部分も安易すぎる。だからこそ、みなさんはシックス・マインドのアプローチを使ってユーザーを深く理解する必要がある。

具体的なアドバイス

ユーザーのセグメント分けには、次のようなテクニックを使おう。

- シックス・マインドを基準にコンテクスチュアル・インタビューを行い、調査結果を集める
- 共通項を持つ参加者や活動を見つけ出す
- ユーザーのニーズの違いを見極め、重要な項目を基準に分類する

16.

シックス・マインドの実践
魅力、向上、覚醒

ここまでで、私たちはコンテクスチュアル・インタビューを終え、各参加者から気になるデータを抽出し、シックス・マインドを基準にそれを整理した。また、ユーザーを多様なグループへ分類した。ここからはそのデータを活用し、製品やサービスのデザインにどう活かすかを考える段階だ。

この章では、ユーザーを惹きつけ、彼らの生活を向上させ、やりたいことに目覚めさせるという考え方の細かい中身を解説する。まずはざっと説明しよう。

- 製品やサービスの購入につながる、ユーザーにとっての直接的な魅力は何か
- 製品やサービスのどんな側面を工夫すれば、便利さをもたらし、長期的な最高の体験を提供して、顧客を幸せにできるか
- 製品やサービスは、ユーザーが心の奥底の目標や願望を自覚するのをどう助けるか

シックス・マインドを使って集めたデータが、この三つを明らかにするのにどう使えるかを見ていこう。今までどおり実践での活用例も紹介する。

魅力── ユーザーが口にする願望

最初に取りあげるのは、顧客が魅力的に感じているものだ。この部分では、人気ウェブサイトのクールハンティング（*https://coolhunting.com*）が参考にな

る。知らない人のために言っておくと、クールハンティングはおしゃれなホテルからヨガ用のウェア、最新の高性能なおもちゃまで、さまざまなテーマの記事やお勧め商品を扱うまとめサイトだ。消費者が探し、ほしいと言っている最新のホットなトレンドを概観できる。この本ではここまで、トレンドの向こうにある深い願望を扱ってきたから、そうしたものは少し表面的に映るかもしれない。それでも、どんな商品にも惹かれる要素は絶対不可欠だ。顧客には、この製品やサービスこそ求めていたものだと思ってもらう必要がある。

ユーザーがほしがっているものと、ユーザーのためになるものとが一致しない場合もある。その際は、もっとユーザーのためになるものがあるとわかったうえで、ユーザーがほしいと**思っている**ものを使ってアピールするという難しい調整を求められる。できるなら、惹きつけたあとにユーザーに情報を与え、賢明な判断ができるようになってもらうことが望ましい。

まずはユーザーの今の状況を確認し、彼らの願望やニーズに関する「発言」に目を向けよう。ここでの願望は、奥深いものでなくても構わない。最初は額面どおり受け止めよう。

シックス・マインドに関するデータのなかでは、魅力に特に深く関わる項目が三つある。

› 視野／関心

デジタル製品やサービスを使うユーザーを観察するなかで、彼らが何を探しているように見えただろうか。画像か、言葉か、それとも図表か。サイトやツール、アプリの特定の部分を流し見しているのか、それとも特定の機能を体験しているのか。ユーザーに何を、なぜ探しているかを尋ねよう。

› 言語

探しているのは特定の単語の場合もある。ユーザーが、具体的にどんな言葉で探しているものを表現しているかを確認しよう。本当は「借入に関する相談」をしたほうがずっと有益なのに、「残高の移行」を求めている人もいるかもしれない。

› 意思決定

ほかには、ユーザーが解決したいと願っている問題と、彼らの考える解決策も考慮しよう。何度も言っているように、問題の根本的な原因が、彼らの考えるものと異なっていることはよくある。せきで悩んでいる人が、せき止めが解決策になると思っていても、問題の根本はなんらかのアレルギーかもしれない。それでも、本当に必要としているものを提供するには、まず問題と解決策をどう認識しているかを把握する必要がある。

向上 —— 顧客のニーズ

魅力を分析できたら、次はそこから一歩進み、顧客の生活を向上させるにはどうすればいいかを考える。ここでも人気ウェブサイトというテーマに沿って、ライフハッカー（https://lifehacker.com/）を参考に考えてみよう。ライフハッカーは現代人に必要なDIYのコツや生活の知恵を紹介しているサイトで、ここを見れば、一般消費者のニーズを満たし、問題解決の助けとなるものを提供するにはどうすればいいかがわかる。生活を向上させるには、発言の先にある問題解決の本当の手段を考える必要がある。

› 長期的な解決策

ウーバーやリフトを考えてみよう。夜遅くにタクシーを使うのは難しい。見つからないこともあれば、ひどい運転手に当たることもあるからだ。自分が乗るのに、あるいは母親を乗せるのに、事前にタクシーを呼んでおきたい人もいるだろう。こんなときは、新しいツールを使えば問題を解決する長期的な手段を提示できるかもしれない。そうした状況のなかで登場したのが、子どもやお年寄り向けのカーサービスのような、タクシーよりも専門的な乗車サービスを提供する新しい会社だった。こうした会社のサービスでは、利用者は乗車予定の車が今どこまで来ているかを把握し、運転手にあいさつし、運転手のサービス中の行動を確認できる。

› まったく新しいサービス

顧客が斬新なリマインダーやアラートのシステムを探しているとしよう。なかには忘れないようメモを取る人もいるだろうが、1日中それを確認しているわけにもいかないから、帰り道でスーパーに寄るのを忘れてしまうことも多い。そんなとき、携帯電話を片時も手放さない現代人に向けては、手書きのメモよりも電話にリマインダーやメモ機能を搭載するほうが効果的なはずだ。

› 機能を教える

ユーザーが、あるメールを探しているが見つからず、時間を無駄にしているとする。その場合の解決策としては、コロンのあとにメールアドレスを入力すると、その送り主からのメールだけが繰り上がって表示されるショートカット(コマンド)があることを教えるという方法がある。ユーザーにとって便利で時間の節約になる機能を教える手段はいくつかある。

› 斬新なツール

誰かと会いたいが時間の都合がなかなか合わずにいる人がいた場合は、離れた場所にいる人同士がおしゃべりできるチャットツールの使い方を教えてあげるといいかもしれない。

これらはどれも、消費者の行動を変え、貴重な時間を節約し、具体的な問題を近い将来に解決しうる方法だ。ここからは、生活の向上にシックス・マインドをどう活用すべきかを見ていこう。

› 意思決定

予想がついている人もいると思うが、ここでも顧客の意思決定の過程と、彼らが直面している問題に注目することが大切だ。顧客が今、痛みやストレスを感じているのは仕事か、それとも通勤か。なぜそれが問題になっているのか。まずいのは交通のシステムか、それとも効率のいいシステムの使い方を知らないことか。解決策を考えるには、まず本当の問題が何かを特定しなければいけない。これは以前の章でも紹介したデザイン思考によく似た考え方だ。デザイン思考では、エンパシーリサーチを実施して本当の問題を理解する。

› 記憶

デザイナーは、ユーザーの参照の枠組みに最新のテクノロジーやツールが組み込まれているかも知っておく必要がある。ユーザーのなかには、オンラインでの支払い方法を知ったほうが便利なのに、簡単に郵送する方法を探している人がいるかもしれない。私自身、デジタルソリューションに取り組む人間として、これまでのような紙とペンの世界、あるいは少し古いインターネットの世界とは違う、現代のインターネットの世界の可能性を模索している（PCメールと携帯メール、リモート会議、AIの違いなど）。たとえば今は、誰かのアポを取りたいことを伝えると「火曜は忙しいですが、水曜なら時間があります」と相手のスケジュールを教えてくれるツールがある。ユーザーは往々にして、最新ツールに対する理解ではなく、時代遅れの手法を参照の枠組みにしていることがある。

› **感情**

ユーザーが抱える問題には、強い感情が伴っている場合が多い。私たちは、その状況で何が痛みの原因になっているかを知る必要がある。今の解決策に対して、何がユーザーの怒りや不満の原因になっているのか。そうした気持ちを抱いている大元の原因はなんなのか。タクシーとウーバーの例をまた使うなら、問題の本当の要因は、車が来るタイミングや、ドライバーの信頼度、サービスの安全性に対する不安だから、その恐怖を解消する解決策を見つければいい。痛みのもっと具体的な原因も知っておきたい。たとえば顧客は「上司が待っているから、ある場所へある時間までに絶対着けるという確約がほしい」と思っているかもしれない。

こうした点を検討すると、ユーザーの生活を中期的に向上させるものが見えてきやすい。

覚醒 ―― 壮大な目標を自覚してもらう

解決したいと思っている長期的な問題の解決策を備えた製品やサービスに惹きつけられたユーザーは、いよいよこの商品は自分の壮大な目標の実現に役立つかを考え始める。覚醒とは、いわば魂の探究だ。ピアノの演奏や執筆、泥んこレースの完走など、本気でやりたいとずっと思っていたことに目覚めるとはどういう意味か。

ここからは、シックス・マインドがそうした目覚めへユーザーをどう近づけるかを見ていこう。

› 感情

人生の目標を追求してもらうには、そうする自由を得たと顧客が感じる必要がある。では、顧客が「成し遂げた」と思う条件は何か。自由に旅行できるだけのお金を貯めることか、それともフルコースのディナーを12人に提供できるだけの広い家を買うことか。どこかの大学で終身在職権を手に入れることか。そうした要素が顧客にとってどんな意味を持っているかを理解しよう。その問題の解決策が、顧客を目的地へ連れて行くものだとわかってもらおう。

ちなみに

顧客の心の奥底に眠る感情的な要因を特定できると、製品やサービスの使用を楽しむ顧客とのあいだに前向きなフィードバックループを構築できる。顧客に前向きな影響を与えるには、製品やサービスのライフサイクルを通じて、顧客に短期的、長期的なメリットをもたらし、最終的には商品が顧客の大きな目標の達成を近づけるものだと証明することだ。そのなかで顧客は商品に愛着を持ち、ブランドの魅力を周囲に伝えるアンバサダーになる。商品を気に入っている顧客が、企業にかわって宣伝をする理想的な状況が生まれる。私自身、こうしたライフサイクルの管理に何度か携わってきた。このサイクルは顧客の奥深い目標とそれに伴う感情に関するものだから、回るのに何カ月かかかる。顧客が長期的に何を願っているかを考えよう。本当の意味で挑戦しているもの、そこへ到達するのを阻む障害として恐れているもの、なりたいと思っている人物像を明らかにしよう。

› 記憶

顧客がなりたいと思っている人間と恐れている対象を知るには、記憶が頼りになる場合がある。顧客は何を成功の条件と考えているか。生まれたのが何世代も続く農家だという人にとっては、その流れから脱却して大学へ通うことかもしれない。人はたいてい、過去の経験から目標を定める。

› 意思決定

問題解決の過程では、顧客の長期的な目標を知る必要があるが、そのためには記憶だけでなく、目的地へ「たどり着く」方法として何を想定しているかを知らなくてはならない。そしてそれには問題の空間を見定め、彼らがそのなかをどう動きまわって目標を達成しようとしているかを知る必要がある。

どれも前の章で話した内容だが、ここではこうしたインサイトをマーケターとして、あるいはプロダクトデザイナーとして、どう仕事で活用すればいいかを考えよう。顧客を惹きつける商品にするには、どんな要素を備えているべきか。中期的に長く使ってもらうには、どんな特徴が必要か。長く使い続けるに足る商品だと満足し、さらに宣伝してもらうにはどうすればいいか。

ケーススタディ　建材メーカー

経緯：以前、一緒に仕事をしたクライアントに、断熱材や鉄筋、電線といった建材のメーカーがあった。この企業は、一般的な商品よりも性能がよく、それでいて値段は安いテクノロジーとツールを提供していたが、実際に商品を導入する建設会社のほうが、今までのやり方を変えるのを嫌がっており、なかなか納入してもらえないという問題を抱えていた。

つまり、従来のやり方にこだわる顧客に、長期的には助けになるはずの新技術を導入してもらえずに困っていた。そこで私たちはシックス・マインドを活用し、状況の打開に取りかかった。

› 問題解決

建設会社へのコンテクスチュアル・インタビューでわかったのは、彼らが効率を何よりも重視しているということだった。会社は通常、固定料金で仕事を受注しており、当初の見積もりよりも工事に時間がかかるほどお金を失い、次のプロジェクトへかけられる時間も少なくなっていた。利益が減るから、仕事をできるだけ効率よく進めることが大きな優先事項になっていた。配管一つ取っても、コストなどのほかの要因より、最速でパイプを渡すことを重視していた。私たちのクライアントが提示している高性能で安価な最新の配管技術は、建設会社にとって、作業員の研修に時間を取られるという難点があった。

› 関心

これまでのケーススタディでは、関心の項目はそれほど活用してこなかったが、このケースでは、建設会社の関心を惹くことが、クライアントの問題を解決するカギになっていた。建設会社が工期の短縮にだけ注目しているのは明らかで、彼らは製品ごとの長期的なメリットは考慮せず、短期的にすぐ工事を終わらせて次の現場へ向かえるものかという点にばかり目を向けていた。つまりクライアントは、気持ちが焦っていて、考え方も固まっている建設会社に魅力的に映る商品を売り込む必要があった。

› 言語

調査の過程では、製品のメーカーであるクライアントと、それを実際に導入する建設会社とで使う言葉がまったく異なっていることもわかった。メーカーは「プロシール・マグネイト」といった複雑な工学用語を使っていて、同じ言葉遣いをしていない建設会社は、新商品への不安を感じていた。言い換えるなら、メーカーが説明していることを理解していなかったということだ。その不安が、次で話す不信感につながっていた。

› 感情

調査では、建設会社の人間の言葉の端々に恐怖を感じた。新素材がうまく現場になじまず、元のやり方に戻さなくてはならないのではないかと不安に感じていた。だから、使い方のわかっている慣れ親しんだ商品にこだわるのも無理のない話だった。しかし、もっと広い意味で彼らが一番恐れているのは、自分たちに下請けとして仕事を振ってくれるゼネコンの信頼を失うことだった。ゼネコンとの信頼関係の維持が、こうした建設会社が事業を継続するには不可欠だからだ。

結果：私たちはこうしたデータをもとに、建築会社が魅力に感じる要素、彼らの問題解決の方法に対する認識、使っている言語、影響している感情を検討した。調査結果からみて、私たちのクライアントである建材メーカーは、今までとはまったく異なるアプローチを採る必要がありそうだった。そこで、新素材には何よりも時間を節約するポテンシャルがあることをアピールしてはどうかとアドバイスした。また、商品のブランディングと宣伝では、建築会社にわかる言葉を使い、すばやく導入できること、本当に便利だとわかってもらうことが課題だった。そこで、建設会社に無料の研修を持ちかけ、商品のサンプルを提供してはどうか、さらにはゼネコンにも連絡を取って新商品のメリットを伝えたほうがいいと提案した。調査では当たり前の発見も、「そうだったのか！」という予想外の発見もあったが、これはシックス・マインドのデータを分析するなかではよくある話だ。天地がひっくり返るような発見ではないかもしれないが、コンテクスチュアル・インタビューでは、従来のユーザーリサーチでは見つからなかった懸念点が持ち上がることがある。そしてその内容によっては、商品のデザインや売り込みの方法が一変する場合もある。

このケースでも、調査でわかったのはクライアントが未検討の要素だった。シックス・マインドを活用することで、ゼネコンと下請けの建設会社のもろい関係や、建設会社の使っている言語、味わっている感情などが具体的に判明した。こうした発見を武器に、私たちは認知や感情といった要素を軸に売り込みをかけるシステムを提案できた。

ケーススタディ　金融会社

経緯：次にまったく別の例として、裕福な顧客に製品やサービスを提供したいと考えている、金融業界のクライアントとのプロジェクトを紹介しよう。私たちのチームは、顧客の満たされていないニーズを探り出すべく、調査を実施し、以下のようなことを発見した。

＞ 関心

今回のケースでは、顧客が関心を持っている部分だけでなく、関心を持っていない部分に注目した。今回の顧客層は、多忙を極めていた。若い社会人でも、働きながら子どもを育てている親でも、退職した高齢者でも、彼らはいろいろな義務や活動に従事しながら目まぐるしい毎日を送っていた。仕事へ行き、個人で契約しているトレーナーと会い、子どもを迎えに行き、食事を用意し、地域の活動を行い、ソフトボールのリーグに出場する……。いつもできるだけ多くのものを手に入れ、人生を可能な限り有効活用しようとしていた。内容のさまざまに異なる活動やニーズ、優先事項を抱えていたため、関心の矛先もいろいろな方向へ向いていた。

› 感情

このタイプの顧客層は、誰もが明らかに、生産性アップや成功という野心を抱いていた。しかしそこから一歩先へ進むと、グループのなかでもライフステージに応じて根本的な目標が大きく違っていることがわかってきた。若い社会人はお金をたっぷり稼ぎ、自己発見をするなかで、自分にとっての成功や幸福の基準を見定めようとしていた。一方で小さな子どものいる親世代にとって、成功は家族としての成功というまったく別の意味を持っていた。サッカー教室から大学進学まで、子どもに必要なものはなんでも与えてあげたいと思っていた。そして家族に全力を注ぐ一方で、自分のアイデンティティが失われていくことも恐れていた。年配の人たちは、自己発見という、若者たちと同じテーマに立ち戻っていた。ある男性は音楽の道を追求し、地下にスタジオを作って仲間と楽器を演奏したいと思っていたし、別の人物は史跡めぐりという夢を追おうとしていた。「クール」ではなくても、それに心からの幸せを感じると思っていた。

› 言語

奥深い人生の目標の差は、使う言葉にも表れていた。自分にとって「ぜいたく」とは何かという質問に対し、若手社会人はファーストクラスの航空券を使って異国で型破りな冒険をし、自己発見という深い目標を達成することだと答えた。対して家族持ちは、子どもが走り回れる場所で外食できれば、皿洗いから解放されつつ、家族で一緒に過ごすという目標を達成できるし、親として心も安まると思っていた。先ほどの男性のような年配の人は、一生に一度の旅行へ行き、本物の生きている実感という人生の目標を達成して、誰もがうらやむ経験をしたいと言っていた。使っている言葉に注目してみると、「ぜいたく」のような単純な言葉でも、相手によってまったく意味が変わってくる場合がある。

結果：シックス・マインドを使って集めた発見は、それぞれのグループのニーズに合わせた商品を作るためのカギになった。一口に富裕層と言っても、その中身はさまざまだった。クライアントに提案を行う段階では、一番大きな発見で、ほかのグループにも関係のある「高齢者がかなり軽視されている」という部分に注目した。

クレジットカードなど、今の支払いツールは、総じて若者（オアフ島でのスカイダイビングプランなど）やファミリー層（大学進学用の貯蓄プランなど）をターゲットにしており、年配の人たちを対象とした自己発見のためのツールは驚くほど少なかった。しかし私たちは、シックス・マインドに基づいたデータから、その状況を変えるようクライアントに提案できた。

具体的なアドバイス

・広告や宣伝、ブランドを使って商品の魅力を売り込もう
・視野と関心に目を向けよう。顧客は何を探し、何に惹きつけられているか。どんな言葉を使って探しているものを説明しているか
・作っている製品やサービスのデザインを工夫して、顧客の生活を向上させよう
・意思決定と問題解決のプロセス、記憶、参照の枠組みに注目しよう。顧客が本当に解決すべき問題は何で、そのための最終的な手段は何か。考え方の枠組みや視点をどう変える必要があるか。古いメタファーのうち、まだ通用しているものはどれで、通用しなくなったものはどれか
・顧客の人生の目標を呼び覚まそう
・深い感情に目を向けよう。顧客の心に響くもの、一番大きな目標や恐怖とつながっているものは何か。商品のどんな特徴を使えばその恐怖を和らげることができるか。どうすれば目標へ向かって前進している実感を得てもらえるか。

17.

すばやく、たくさん成功せよ

私も、デジタル商品業界の標準的な開発スタイルである構築→検証→学習のサイクルには賛成だが、シックス・マインドのアプローチを使って集めた情報を活用すれば、優れた解決策にもっとすばやくたどり着けると信じている。

この章では、デザインでよく活用される「ダブルダイヤモンド」の手法をまず紹介し、シックス・マインドを併用しながら選択肢を絞り、最適なデザインを選び出す方法を解説する。また、学びながら同時に製作し、プロトタイプを作り、競合他社の新製品、新サービスと比較対照するやり方も見ていこう。

ここまでで、私たちはユーザーへの共感を重視することで、ユーザーが体験している課題をユーザーの視点で理解してきた。そうした分析に要した時間を無駄にしないよう、データを問題の正確な把握や解決策の特定、無駄のないデザインのプロセスに活用していこう。

私は「すばやく、たくさん失敗せよ」という考え方には反対だ。シックス・マインドのアプローチを使えば、サイクルを繰り返さなくてはならない回数を減らせる。

思考の発散と収束

デジタル製品やサービスのデザイナーにとっておなじみの手法に、ダブルダイヤモンド方式の開発プロセスがある。この手法は、発見、定義、開発、納品という大きく分けて四つのフェーズで構成されている（図17-1参照）。

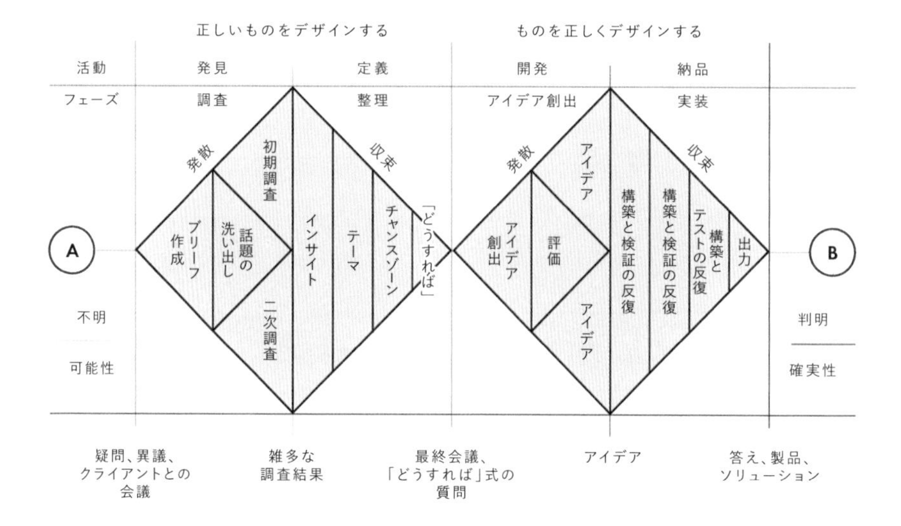

図17-1 ／ ダブルダイヤモンド方式のデザインプロセス

ダブルダイヤモンド方式は複雑に見えると思うので、この本では、シックス・マインドをどう使えば重要な部分にエネルギーを集中できるかを解説しよう。企業の目標をユーザーの目標とリンクさせるといった発見のステージについては、発見のプロセス全体を扱ったすばらしい書籍が出版されているため、詳しくは解説しない。お勧めの本は章の最後で紹介する。

第一のダイヤモンド　発見と定義（「正しいものをデザインする」）

ダブル・ダイヤモンド方式の出発点は発見フェーズで、ユーザーの身になって考え、問題を理解することを目指す。次の定義フェーズでは、どの問題に着目すべきかを決める。

シックス・マインドの取り組みは、発見段階におおむねすんなり活用できるだろう。シックス・マインドは、ユーザーの認知プロセスと思考に関する情報を集め、ニーズと問題に共感する効率的で優れた手法になる。調査では、ユーザーをいっそう深く理解してインサイトやテーマ、具体的なチャンスが眠っているゾーンを探り出すことが中心になる。一つ前の16章では、調査結果を使って次の三つの疑問の答えを探った。

・ユーザーが魅力に感じるものは何か（自分がほしいもの、興味を惹かれるものをどんな言葉で表現しているか）
・ユーザーの生活を向上させるものは何か（問題を解決し、思考や商品の使い方の枠組みを広げるものは何か）
・ユーザーの情熱を目覚めさせるものは何か（ユーザーの気持ちを高揚させ、自分にとって何か大きなことを成し遂げたと感じさせるものは何か）

この章では主に二つ目のダイヤモンドに注目するが、それでも初期調査の結果は宝の山で、具体的なチャンスゾーンを特定する助けになる。魅力／向上／覚醒の三つの要素を検討すれば、チャンスが眠っている場所に関するインサイトが集まるだろう。それはウェディングプランナーの財務をサポートすることかもしれないし、カスタムメイドの戸棚のメーカーのマーケティングを手助けすることかもしれない。いずれにせよ、解決策の候補を検討する準備はできているはずだ。

第二のダイヤモンド　開発と納品（「ものを正しくデザインする」）

二つ目のダイヤに進んだ段階で、製品やサービスを使って解決したいユーザーの問題は選び出せている。次は解決のための最適なデザインを選ぶ番だ。
この段階では、自分が採れる解決のルートは無限にあるように思えるが、正しいルートをすばやく選ぶには、候補を絞り込むことが欠かせない。そんなとき、シックス・マインドは判断材料を提供し、候補の数を一気に減らす枠組みになる。分析中に生じた疑問の数々が参考になって、無数のデザインを検討する手間を省く。いくつか例を紹介しよう。

＞ 視野／関心

コンテクスチュアル・インタビューでは、デザイナーの多くの疑問に答えが出る。エンドユーザーが探しているものは何か。彼らが関心を持っているものは何か。どんなタイプの言葉や画像が登場すると思っているか。製品やサービスのどこを見て望みの情報を得ようとしているか。そうした理解に基づけば、得たデータをどう活かすべきか、あるいはユーザーの期待をいい意味で裏切るべきかを判断できる。

› 空間認識

コンテクスチュアル・インタビューでは、さまざまな疑問の答えを探るなかで、商品の使用方法のデザインに欠かせない重要な証拠が集まる。バーチャルを含めた空間を移動する方法（空港の歩き方、あるいは携帯電話のアプリ内の移動の仕方など）として、ユーザーはどんな方法を想定しているか。デザインとのどんなやりとりを想定しているか（単純なクリックか、3本の指を使ったスクロールか、それともピンチアウトによるズームか）。自分の居場所を特定するのにどんな「パンくず」、つまりは目印を探しているか（レストランを示すハンバーガーのマーク、あるいはスクリーン上の特徴的な色など）。ユーザーにとってどんな使い方（ダブルタップなど）が最も便利か。

› 記憶

インタビューでは、ユーザーの想定に関する非常に重要な情報も集まる。想定のもとになっている過去の経験はどんなものか。その想定に一番マッチするデザインはどれか。新しい商品の使い方を予測するのに、どんな過去の体験を参考にしているか。想定に沿ったものを作れば、ユーザーが商品を受け入れるスピードを速め、信頼を築ける。

シックス・マインドはイノベーションの妨げか

ここまで読んできて、「でも、イノベーションはどう起こすのか」と思った人もいるだろう。私も「イノベーションは起こすべきではない」と言うつもりはない。まったく新しい商品の使い方や、新しい関心の集め方、新しい枠組みを考え出すべきタイミングは確かにある。言いたいのは、まず、今ある知識の枠組みのなかで革新を起こす方法はないかを探り、なかなかイノベーションが起こせず大きな時間の無駄を強いられる事態を避けようということだ。先行する商品の枠組みに従えば、ユーザーに受け入れられるまでの時間を大幅に減らせる。ここからは、いくつか頭に入れておくべき事柄を解説しよう。

› 言語

コンテンツ・ストラテジストは、顧客の知識レベルがどの程度かを知りたがる。顧客にとって、一番わかりやすいしゃべり方はどんなものだろうか（「脳の前のほう」と言っているか、「前帯状皮質」と言っているか）。どんな言葉を使うのが顧客にとって便利で、信用を勝ち取れるだろうか。

› **問題解決**

ユーザーは何が問題だと考えているか。問題の空間に、実は彼らが把握している以上の問題が広がっていないだろうか。実際の問題を解決するには、ユーザーの想定や考え方をどう変える必要があるだろうか。たとえば自分ではパスポートを取るだけでいいと思っていても、実際にはその前に居住証明と身分証明を手に入れ、それからパスポートを申請する必要がある。そうした問題解決のプロセスでの現在位置を教えてくれるものとして、ユーザーは商品に何を期待しているだろうか。

› **感情**

ユーザーの目標達成を妨げず、恐怖を和らげながら問題を解決するにはどうすればいいだろうか。企業はまず、商品がユーザーの短期的な目標達成を助けるものであることを示し、それから、商品を使うと大きな目標にも近づけることを証明する必要がある。

シックス・マインドの要素をさまざまに活用すれば、デザイナーはアイデアをもっと建設的に、データに照らしながら考えられる。つまり、検証段階へ進んだデータが成功を収める確率が高くなる。広大な無限のアイデアの園に放り出されるのではなく、デザインが取るべき方向性のヒントが手に入る。

基本的なインタラクションデザインの話し合いに時間を取られるのではなく、全体的なコンセプトの練り込みやブランディングに時間をかけられるという意味でもある。

学びながら作る —— デザイン思考の手法

この本でも何度か言及しているデザイン思考の考え方は、デザイン会社のIDEOが普及させたものだが、その大元は工業デザインの過程を定式化する方法という考え方にさかのぼる。さらにその考え方のルーツには、70年代の心理学者にして社会科学者、ハーバート・サイモンが実施した体系的な創造性と問題解決に関する有名な研究がある。サイモンの意思決定に関する研究については、この本でも一度紹介した。

外科手術で医師の目のかわりになるカメラを作っているとする。こうした道具では、当然ながら厳密な設計と、正確に動かして適切な方向へ曲げられる操作性が必要になる。プロトタイプを作る過程では、担当のエンジニアが重さやグリップの重要性など、さまざまなことを知っていくだろう。しかし同時に、作ってみないことにはわからない部分も無数にある。だからこそ、アイデア創出はデザインしながら考える過程なのだ。

製品の使い方やサービスの流れを示した初期スケッチの重要性を否定するつもりはない。マイクロソフトの上級研究員であるビル・バクストンは、著書『Sketching User Experiences: Getting the Design Right and the Right Design［顧客体験をスケッチする　正しいデザインと正しいモノのデザインの手法］』のなかで、デザイナーとして食べていこうと思うなら、考え抜いた完璧な解決策ではなくていいから、さまざまな解決策やスタイルの簡単なスケッチを、10分間で7〜10個は描き出せなくてはならないと言っている。それを見直していると、掘り下げる価値のあるデザインの方向性が見えてくるのだそうだ。

バクストンと同じように、私もプロトタイプの簡単なスケッチはとても便利で、手元の解決策の幅を知る機会にもなると思っている。スケッチを見直せば、それぞれのアイデアが秘めたチャンスと課題、小さな可能性がわかる。

シックス・マインドのアプローチを使っておけば、事前の調査を通じてある程度まで候補を絞り、優先順位も定めた状態で、この学びながら作る段階へ入っていける。解決策を制限することで、どの方法がユーザーにとって最善かのコンセンサスを得る自由が手に入る。証拠をもとにプロトタイプを評価し、社内の偉い人の意見ではなく、顧客に対する理解を頼りに開発を進めていける。

これから、製作前の調査の大切さを示した実例を紹介しよう。

ケーススタディ　とにかく作りたいCEO

ある会社のチームと一緒にデザインスプリント［デザイン思考をベースに、短期間でデザインを進める手法］を行ったときのこと、私のやり方を聞いた会社のCEOは、「君がそうしたプロセスを持っているのはたいへんけっこうだが、何を作ればいいかくらい、私たちのほうでわかっている」と言った。しかし、開発のこの段階で何を作ればいいかわかっているチームは存在しないし、仮に方向性が定まっているとしたら、何かを誤解している可能性がある。

ところがこのCEOは、とにかく早く製造段階に入りたがっていた。そこで私たちも、どうなっても知らないぞというつもりですぐデザインに取りかかった。図17-2を見てもらえばわかるように、このチームの「解決策」はバラバラだった。ターゲットユーザーや解決すべき問題に対する認識も、メンバー間で大きく異なっていた。だからCEOもすぐに、思っていたほどチームの足並みが揃っていないことに気づいた。そして、やはり体系的なプロセスに従って進めてほしいとていねいにお願いしてきた。

そこで私はCEOのチームに、自分の考える解決策のスケッチを描いてほしいと依頼した。その目的は、メンバーがどんなものを作りたいと思っているか（つまり彼らが共通の認識を持っているか）を確認することだった。

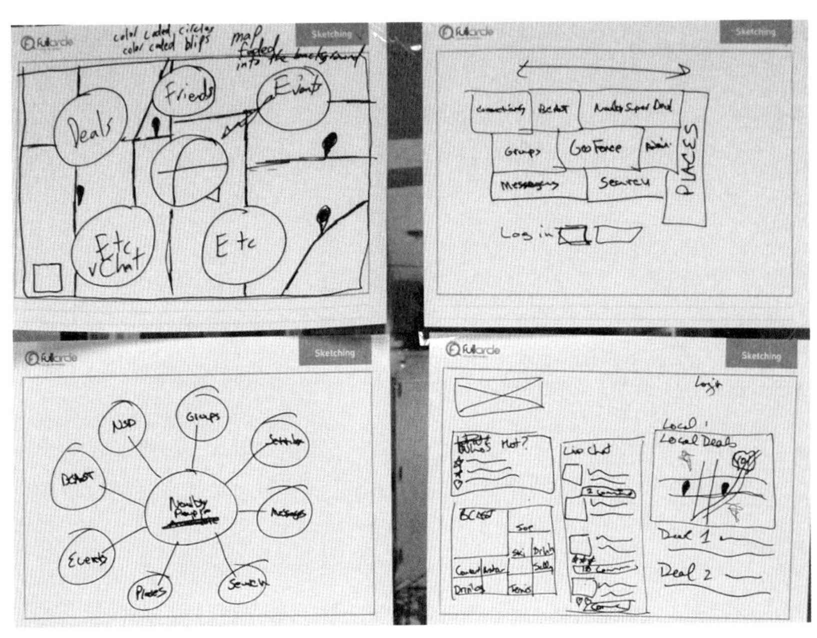

図17-2 ／ バラバラなウェブサイトのデザイン案。チームの足並みが揃っていないことを示している

プロトタイプ作りとテスト―― 完成度は気にしない

コンテクスチュアル・インタビューでは、ユーザーの目線の先にあるものと、彼らの製品やサービスの使い方、使っている言葉、参考にしている過去の体験、解決しようとしている問題、抱いている不安や大きな目標を明らかにした。こうした発見を考慮に入れれば、構築・検証・学習のサイクルをもっと有意義なものにできる。

プロトタイプ作成の段階でも、シックス・マインドの手法を使ったコンテクスチュアル・インタビューは大いに参考になる。AとBのプロトタイプがあったら、参加者の目がどちらに向いているかを観察する必要があるし、どう使っているように見えるか、そこから彼らがどんな想定を持っていると推察されるかも考える必要がある。特定のプロトタイプを使う際の言葉遣いや、その専門性のレベルがプロトタイプの用語と合っているかも確認したい。プロトタイプを使っている参加者の想定や、プロトタイプとその想定との差異、使用をためらう理由も把握する必要がある。ユーザーのなかには、取引の安全性に不安を持っている、あるいはカートに入れただけで購入扱いされてしまわないか心配している人がいるかもしれない。

プロトタイピングの過程では、エンパシーリサーチで得た情報を再び活用しながら、プロトタイプをデザインし、解決策（あるいはその一部）を検証していく。

ここからは、プロトタイピングで頭に入れておくべき注意点とアドバイスをいくつか紹介しよう。

› 忠実度の高すぎるプロトタイプは作らない

私たちもあるとき、高忠実度の試作品を作ったことがあった。見た目も印象も、想定している完成品にできるだけ近いものだ。ところがそれを見たユーザーは、そうしたデザインや特徴を「既成事実でもう覆せないもの」だと捉えていた。まだ試行錯誤の段階なのに、ぴかぴかにきれいで、本物に近いように見えるプロトタイプはほとんど完成品の印象を与え、ステークホルダーは今から批評しても遅すぎると感じたようだった。だから「すごくいいよ」とか「ちょっと変えてほしい部分はあるが、全体にはいい感じだ」といった意見ばかりが集まった。

だからこそ、プロトタイプは細部に少し粗さの残る低忠実度のもののほうがいいと思っている。その方が参加者も、デザインやフローに意見できる余地があると感じられる。調査の結果は完成度によって大きく異なってくるから、今の段階ではどのレベルの忠実度が理想かを事前に決めておくことがとても重要になる。

たとえば私は、低〜中程度の忠実度のプロトタイプをユーザーに見てもらうときは、フルカラーではなく白黒で済ませ、画像を埋め込む部分には大きな×や手書きのスケッチを描き込む。端のほうは作らないが、それも意図あってのことで、そうした粗さはユーザーに「これは初期コンセプトに過ぎず、まだ作業の最中で、だからみなさんからの意見が完成形を決める貴重な材料になる」と伝えるシグナルになる。私はこれを

「オズの魔法使い」型のプロトタイプと呼ぶのが気に入っている。映画『オズの魔法使い』には「カーテンのうしろは気にするな」というセリフがある。同じように、低忠実度のプロトタイプでは裏側を気にする必要はない。

あるクライアント向けの検索エンジンのデザインを検証したときのこと、私たちはまず、ユーザーの文脈を理解しようとした。しかし検証用のプロトタイプがなかったため、現行の検索エンジンを流用し、8歳か9歳の子どものためにバレーボールのボールを探しているという設定を用意した。すると「バレーのボール」と打ち込んでも、「子ども用のバレーのボール」と打ち込んでも、同じ結果が表示されることがわかったが、それで問題なかった。このテストで確認したいのは、検索のメカニズムの正確性ではなく、検索エンジンのあるべき構造だったからだ。検証したかったのは、ユーザーの検索機能の使い方や、予想している検索結果、予想している検索のフォーマットやスタイル、フィルターをかける方法、検索ツール全般の使い方などだった。そして現行の検索エンジンを使えば、検証用のプロトタイプを用意しなくても、こうした質問への答えは出せた。

› 実際の状況のなかで使ってもらう

私はラフで低忠実度のプロトタイプが好きだが、それでも調査では、参加者が必要だと思うものを集中して考えるモードに入れるように、環境作りに全力を注がなくてはならない。コンテクスチュアル・インタビューと同様、プロトタイプも実際の職場や、それらを使う実際の場面でテストしてもらうことが重要だ。そうすれば、ユーザーは現実の状況を考えられるようになる。

› ひたすら観察する

ここはシックス・マインドをフル活用すべき段階だ。プロトタイプのテストでは、初期調査と同じように、シックス・マインドを基準に観察する必要がある。参加者の目はどこに向いているか。どう使おうとしているか。今、どんな言葉を用いているか。どんな経験を参考に現在の経験を捉えているか。参加者の予測に沿っているか、裏切っているか。参加者は問題を実際に解決できていると感じているか。そこからさらに一歩進んだあいまいな疑問も考えよう。参加者の当初の問題の捉え方はどう間違っていて、プロトタイプを使ったことでそれがどう改善されたか。

感情に関しては、プロトタイプを見た参加者が、奥深い目標を達成するものだと感じることは少ないだろう。それでも、彼らのこの段階での恐怖についてはたくさんのことを学べる。以前に紹介した数百万ドルの広告を買っている代理店の若手幹部のように、心の奥底に恐怖を抱いている人が対象なら、プロトタイプを使う様子を観察することで、何が行動を阻害するハードルになっているのか、どこでためらい、何を不明瞭に感じているかがわかる。

競合商品、類似品との比較検討

プロトタイプのテストの初期段階では、可能なら競合他社の商品と比較してほしい。例として、学者が論文の検索に使うツールを検証した話を紹介しよう。私たちは、検索機能が備わってはいないものの、クリックして何か言葉を打ち込むところまではできるプロトタイプを作成した。そして、グーグル検索と、別の学術論文の検索エンジンとを比較してテストした。ここでの目的は、先ほどのバレーのボールと同じように、競合サービスと比較しながら検索結果の表示方法とインターフェースのデザインを決めることだった。

実際の製作前にこうした比較検討を行うと、競合他社に対して優位に立てる、追求すべき新商品のセールスポイントについて、たくさんのことが学べる。まだ開発途中のツールであっても、恐れず競合商品と比較しよう。他社の最高の商品、あるいは自社の現行商品と比べて散々なものに思えたとしても、恐れる必要はない。

自分でプロトタイプを何種類か作り、それを比べるのもお勧めだ。プロトタイプを一つだけ示された参加者は、たいてい「すごくいい感じだ」とか「気に入った」「よくできてる」といった前向きな反応を返す。ところが三つのプロトタイプを比べてもらうと、もっと充実したフィードバックが返ってくる。Aのプロトタイプのどこがダメで、Bのどこが気に入っていて、その要素をCに組み込んだらどうなるかを本格的に考えられるようになる。

これは多くの人が支持するやり方だ。比較すると、顧客の満たされないニーズや、インタビューではわからなかったインターフェースのニュアンス、現行の商品にはない優れた機能などがいっそう明らかになる。

具体的なアドバイス

- AIシステムなどの商品は、ユーザーと一緒にシミュレートし、デザインの方向性を検証しよう
- この章で紹介した手法を活用し、テストを通じてユーザーの認知的な体験（視野と関心、空間認識、言語、記憶と想定、問題解決、感情）への理解を深めよう
- 失敗を修正し、ユーザーの持つ認知システムに沿ったデザインを行うことで、失敗の回数を減らしながら解決の空間を構築、探索しよう

参考文献

- Buxton, B.（2007）. *Sketching User Experiences: Getting the Design Right and the Right Design*. San Fransisco: Morgan Kaufmann.

18.

ここまでのまとめ

おめでとう！　あなたは人間の体験のさまざまなレベルを基準に体験をデザインする準備を済ませ、シックス・マインドの枠組みを使って製品やサービスの体験をいっそう体系的にテストできるようになった。優れたデザインにすばやくたどり着き、デザインの方向性に関する話し合いを減らす用意もできた。

この章では、ここまで解説してきた内容をまとめ、シックス・マインドを使ったデザインがどんな結果をもたらすのか、その実例をいくつか紹介しようと思う。

このアプローチで一つ特徴的なのが、さまざまな角度から顧客に共感するという考え方だ。顧客が解決しようとしている問題だけでなく、私たちは、ほかの意思決定にまつわる複数の認知システムも考慮に入れる。シックス・マインドのアプローチでは、言語や意思決定、感情の質といった体験の具体的な側面に着目することで、従来のユーザーリサーチに頼りきりだったときよりも、たくさんのデータに基づいた判断ができるようになる。

また章の最後では、1章でも紹介した輝かしい体験を形作る要素をおさらいしようと思う。私の言う「体験」は、いくつもの小さな体験が積み重なったうえで一つの体験と認識されるものを指す。空港へ行くという体験を取っても、それは空港の前で車を降り、券売機やカウンターで航空券を印刷し、荷物検査を済ませ、セキュリティと税関を通過し、目的のターミナルを見つけ、ゲートへ向かい、食べ物を買うといった小さな経験が集まってできている。このように、多くの「体験」は体験の連鎖であって、ある瞬間の単独のものではない。デザインでは、そのことを常に頭に入れておく必要がある。

複数レベルでの共感

リーン思考では、「オフィスを出てユーザーを見に行こう（GOOB）」と言われる。従来のデザイン思考では、シンプルにコンテクストのなかにいる実ユーザーの生活や仕事、遊びの様子を観察する。デザイナーはユーザーに共感して彼らのニーズや抱えている問題を理解する必要があり、その才に優れたデザイナーもいるが、私たち普通の人間には、調査を体系的に行う手法が必要だ。第II部で提案したコンテクスチュアル・インタビューを実施すれば、大量のメモや走り書き、スケッチ、図、記録映像や音声が残る。

シックス・マインドの各項目について得た発見を、必ず判断材料にしなければいけないわけではない。しかしこれから紹介する代表例では、シックス・マインドがあらゆる面に関わっていたと思っている（図18-1と18-2参照）。

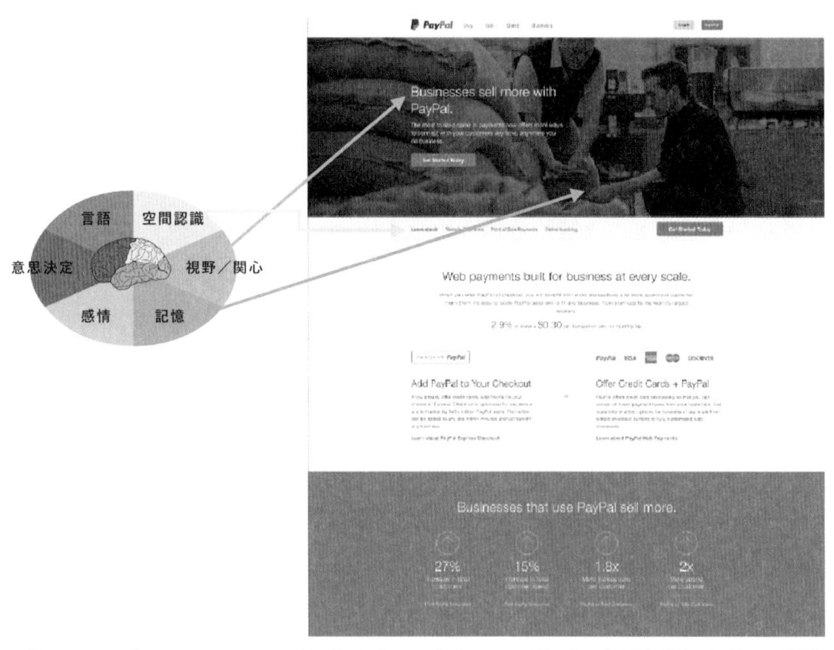

図18-1 ／ ペイパルのサイトデザインに与えている視野、空間認識、記憶の影響

図18-2 ／ ペイパルのサイトデザインに与えている感情と言語、問題解決目標の影響

この例では、私たちは小規模ビジネス向けのペイパルのページをデザインした。エンドユーザーは、オンライン決済やカードリーダーを使った決済をできるようにしたい小規模ベンチャーの責任者。ここからは、インタビューと観察を通じ、シックス・マインドの各項目に照らしてデザインをどう検証していったかを見ていこう。

› 視野／関心

私たちは、画像はページ上部に一つ入れるだけのデザインを採用した。ページのほかの部分よりも暗めで、視覚的にかなり複雑な画像だ。だからこそ、必然的にユーザーの目はその画像に惹きつけられる。しかも、ほかの部分よりもかなり大きいフォントの白い文字を使っているから、暗めの画像のなかでその部分が際立ち、ユーザーはその一連のテキストに目を惹かれる。もう一つの視覚的な特徴としては、どうすればペイパルに登録できるかを明確にしたことだ。背景の画像とは対照的な青い色と形の登録ボタンを置き、視覚的に「跳び出す」ようにしている。

› 言語

ページの上部には、「ペイパルでビジネスの可能性を広げる」というシンプルなテキストを置いた。これはかなり直接的な言葉で、変わったマーケティング用語ではない。この文言は、インタビューで聞いた小規模ビジネスの社長たちの目標に合わせ、まさに彼らの言葉で語ってある。これは意図的なデザインで、小さな会社の社長の大半は、Eコマースやクレジット決済になじみがなく、ペイパルを導入する目的は、ウェブサイトで商品を購入する顧客を待たせたくないからだと言っていた。だからこそ、ページには、インタビューで聞いた言葉をそのまま使った「決済手段にペイパルを加える」や「クレジットカード+ペイパルを提案する」と書いたボタンを用意してある。話を聞いた社長たちは、誘い文句はストレートにしてほしいと言っていた。だからマーケティング用語を加えてわかりにくくする必要はどこにもなかった。

› 記憶

このページでは、ユーザーの記憶に訴えかけ、画像の印象をページの内容のトーンと合わせることを目指した。画像はコーヒー店の奥のように見える。コーヒー豆の袋が見え、2人のカジュアルな服装の男性が豆を品定めしているようだ。この画像からは、大企業めいた雰囲気は感じない。感じるのは男性2人でやっている小さな、もしかしたら家族経営の事業で、店主が「常連さん」の名前を覚えているようなコーヒー専門店の印象に近い。つまり隠れ家的な小さいお店、商品のことをよく理解している職人の仕事を思わせる画像になっている。このように、画像一つで舞台設定を整え、小さな会社の社長に「ここは自分たちにふさわしい場所だ」と思ってもらうこともできる。

› 空間認識

ページを開いてすぐの場所にライトグレーでいくつかのメニューを用意し、下層のページにどんな情報が表示されるかを示した。「ペイパルについて」にオンライン決済、販売時点決済、オンライン請求。このメニューでユーザーに現在地だけでなく、次にどこへ飛べるかを伝え、このページがなんのための場所で、どう活用すればいいかを示した。レスポンシブなスマートフォン版にも、これと同等のメニューを用意した。

› **意思決定**

結局のところ、私たちがやりたいのはユーザーの情熱を目覚めさせ、同時に行動する正当な理由を提示することだった。小さな会社の社長が解決したい問題が、売上を増やすことなのはわかっていた。だからページ下部に、ペイパルを導入した会社の事業がどう上向いていったかの統計を四つ載せた。社長やパートナーがしっかりとしたビジネス判断をするには、冷静で論理的な数字が必要になる。

› **感情**

ユーザーには、業績アップの可能性に対する高揚感も味わってもらいたかった。そこで、売上増という彼らの直接の目的について、モックアップサイトではペイパルを使えば売上が増えるという主張を2回繰り返した。売上が増えれば生活に無限の可能性が生まれるし(向上)、成功の手応えや存在を証明できた感覚も得られる。私たちはそうした期待感を目覚めさせ、会社の社長として成功できるという自信を深めてもらいたかった。

エビデンスに基づいた判断

この例を見ればわかるように、ウェブサイトのほんの一部分にもシックス・マインドが関わっていて、エビデンスに基づきながら製品のデザインを考え、方向性を決められる。もちろん、従来のプロトタイプ作成やユーザーテストよりも明確なデータが手に入る。

とはいえ、こうした試作モックアップは一晩で、コンテクスチュアル・インタビューの途中でできあがるわけではない。もちろん、シックス・マインドを基準にした分析では、デザインのヒントとなるいくつかのパターンや兆候が見つかるが、具体的なデザインへは、ゆっくりと徐々にたどり着く必要がある。顧客から得たデータをもとに試行錯誤を繰り返し、小さな決断をいくつも下さなければならないのだ。同種のサイトの弱み、逆に言えば自分たちの強みにできそうな部分も見つけ出したい。

私はデザインをただ公式化し、「デザイン思考を行う」よりも、このやり方のほうがもっと多くを学べると信じている。図18-3は、ページの見た目のさまざまなアイデアの初期スケッチで、なかにはサービスのフローを表したものもあれば、機能やビジュアルに関するものもある。私たちはこうしたスケッチや候補からスタートして、いくつものアイデアを出し、プロトタイプをすばやく作り、代案を検討した。ユーザーにテストしてもらい、自分たちで観察して候補を絞り込むなかで、ごくシンプルなスケッチから白黒のモックアップへ、クリック可能なプロトタイプへ、そして先ほど紹介した非常に忠実度の高いパイロット版のサイトへと進んでいった。

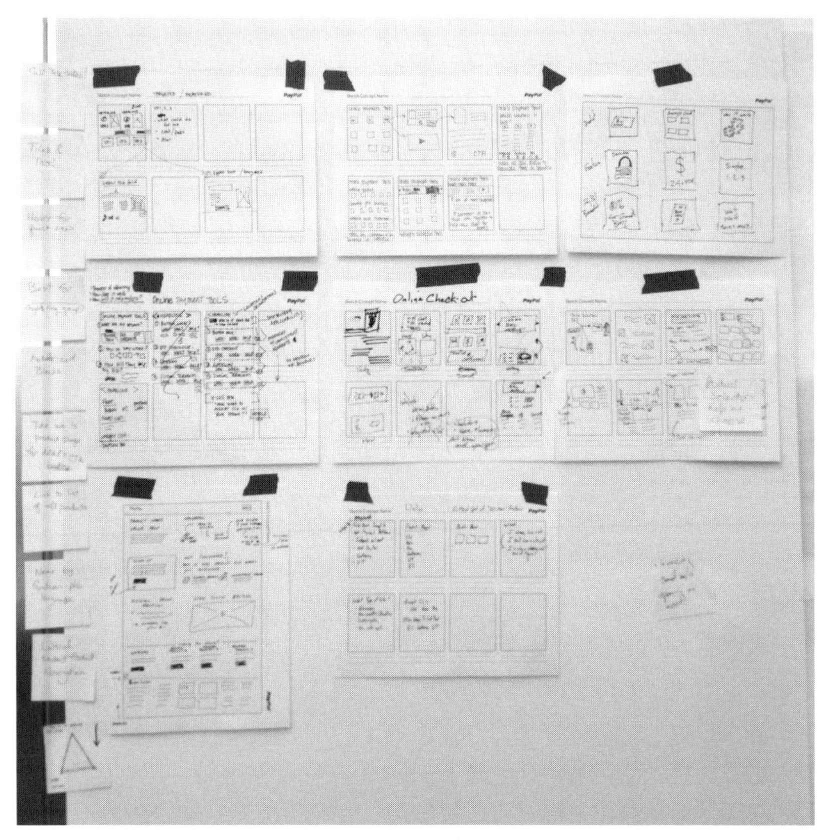

図18-3 ／ デザインのブレインストーミング。顧客のニーズと一致した強力なコンセプトを見つけるための作業を繰り返す

ユーザー体験は長期的

先ほどのペイパルのページの例は、顧客がペイパルのビジネス版を登録する決断の瞬間を切り取ったスナップショットだった。次は話をその先へ進め、決断のライフサイクル全体にシックス・マインドを応用する方法を紹介し、そうした時間の流れを伴った決断が静的ではなく、非常に流動的だということをわかってもらいたい。

決断のライフサイクルの例としては、サービスのデザインがわかりやすい。図18-4は、「なぜペイパルのビジネス版を使ってネットショップを開設しようと思わないのか」という質問に対する小規模ビジネスの社長たちの答えを付せんに書き込んだものだ。

図18-4／顧客が購入を決断する前に抱く疑問をまとめたジャーニーマップ作成の様子

疑問を確認すると、その種類は「自分が求めていることをやってくれるのか」といった根本的なものから、「値段は適正か」といった補足的なもの、「自分が使っているプロバイダとの互換性はあるのか」といった実装に関する不安、さらには「誰かにハッキングされたらどうなる？」という恐怖までさまざまだった。私たちは、購入の判断までの流れに沿っていくつかのキーステップを設定し、それに合わせて疑問をグループ分けした。

ユーザーの疑問や不安、拒絶反応は、流れが進むほど具体的になっていく傾向がある。システムを検証する際は、疑問がいつ生じるかに注目し、論理的なタイミングで答えを示すシステムをデザインしてほしい。すでに商品を使っていて、基本的なことを知っているユーザーには、「購入」ボタンを押す直前に細かな情報を伝えたほうが、ためらいや恐怖を解消しやすいこともある。

ユーザー体験は多層的

まとめると、まずユーザー体験は、多面的で複数の感覚に関わるものだと考えてほしい。デザイナーはその複数の側面やレベルを活用し、エンパシーリサーチとデザインを行う必要がある。

次に、製品やサービスに小さな決断を組み込むときは、それがどんなに小さなステップだったとしても、インタビューに基づいた論理的なものにしてほしい。そして幹部や上司の反対に遭ったときは特にその根拠を頼りにし、同時にクリエイティビティを大事にしよう。私が提案しているエビデンスに基づく方法論の枠内でクリエイティビティを発揮すれば、勝てるデザインが見つかる可能性も高くなる。

そして最後に、製品やサービスを単なる取引の道具と思わないでほしい。たくさんの人と、たくさんのタイミングでつながるプロセスだと思ってほしい。ユーザーの関心はどこに向かっていて、商品をどう使い、今回の体験に何を期待し、どんな言葉を使って体験を説明し、どんな問題を解決しようとして、何に突き動かされているかという、自分の商品のシックス・マインドは常に進化するものだと思ってほしい。製品やサービスを通じて自分の目標を知っていくほど、ユーザーは専門家に近づき、それに合わせて商品への愛着や使う言葉なども変わっていく。

具体的なアドバイス

長期的なユーザー体験について、次のようなことを考えよう。

・製品や分野の知識を深めるなかで、ユーザーの行動はどう変わっていきそうか
・問題の空間は時間とともにどう変わっていきそうか
・言語、また言葉と意味との脳内での対照はどう変わっていきそうか

19.

これからのシックス・マインド

小さいころに観た1970年代のテレビ番組の再放送に、ひどい事故に遭ったNASAの宇宙飛行士が、「われわれは彼を修理できる。そのテクノロジーがある」という科学者の言葉で「600万ドルの男（現代の価値に換算すると4000万ドル）」に生まれ変わる作品があった。はるか遠くまで見通せる片目と、機械の両脚と片腕を持つ男は、時速100キロで走り、とてつもないことを成し遂げる力を手に入れた。番組では、正義のスパイとして超人的な力を発揮していた。

人間とテクノロジーがシームレスにつながるといったいどんなことができるのか。この作品は、それをテーマにしたTV番組のはしりだった。番組名が『600万ドルの男』ではなく『600万ドルのサイボーグ』だったら、商業的には成功しなかったかもしれない。それでも実際には、主人公は人と機械が合わさったサイボーグだった。

今、人工知能（AI）と機械学習（ML）が再び盛り上がるなかで、新たな可能性が注目され始めている。みなさんの仕事が製品管理か、プロダクトデザインか、はたまたイノベーションかはわからないが、AIの可能性に関する予測は耳にしたことがあるはずだ。そこでここでは、最も強力な組み合わせとは何かを紹介しよう。人間の計算能力を機械学習がサポートすると、600万ドルの男のような物理的な偉業ではなく、テレビでは取りあげられなかった精神的な偉業を達成できる。

シンボリックAIとAIの冬

みなさんがご存知かはわからないが、AIのポテンシャルについて世の中が盛り上がるのは、実は今回がはじめてではない。1950年代と60年代に、アラン・チューリングがどんな数学的推論も0と1で表せると仮定し、コンピュータにも論理的考察は可能だと示唆して以来、神経生物学や情報処理学の科学者たちは、脳のニューロンには活動電位の発火をコントロールする（つまり1と0を分ける）働きがある以上、人工的な脳を作り出し、論理的思考をさせることも可能なのではないかと考えるようになった。チューリングは、チューリングテストというものを提案した。これは簡単に言えば、人間が正体のわからない相手と会話して、相手が人工のシステムか、本物の人間かを突き止められなかった場合、そのシステムはテストに合格した人工知能とみなせるというものだ。

そこから、ハーバート・サイモンやアレン・ニューウェル、マーヴィン・ミンスキーといったほかの学者たちも、定式として表現できる知的な振る舞いに着目し、世界の仕組みを理解した「エキスパートなシステム」を構築できないか考え始めた。彼らは人工知能を備えた機械に言語問題やチェッカーのようなゲーム、論理的類推に取り組ませ、自分たちの世代のうちに、AIにまつわる課題はほとんど解決できると大胆な予想をした。

しかし残念ながら、彼らの手法は一部の分野では有望性を示したが、ほかの分野では大きな限界を見せた。理由の一つは、記号処理や極めて高度な論理や思考、問題解決に重点を置いていたことだった。思考に対する記号（シンボル）的なアプローチは、意味論や言語論、認知科学の分野では成功を収めたが、汎用的なAIを構築することよりも、人間の知能を理解することのほうを重視しすぎていた。

1970年代には、AI開発の学術資金は底を突き、夢のような可能性に沸いた50年代から、現実的な限界が見えてきた70年代にかけての時期は、「AIの冬」と呼ばれるようになった。

人工ニューラルネットワークと統計学習

その後の1970年代から80年代にかけては、AIそのものや「人工の知能」を作り出すという考え方に対して、まったく異なるアプローチが採られるようになった。心理学や言語学、コンピュータ科学など、認知科学を構成する多種多様な分野の科学者、なかでもデビッド・ラメルハートとジェームズ・マクレランドは、「サブシンボリック」というまったく別の角度からAIに取り組んだ。彼らは人間が使っているものの代用品を作ろうとするのではなく、脳に似たシステムを構築できないかという仮説を立てた。それは、ニューロンのような個別のプロセスを多数備え、ニューロンのような抑制と励起の機能を使ってお互いに影響し合うことができ、さらにシステムの出力が正しいかを判断し、それに応じて人工ニューロン間のつながりを変化させられる「誤差逆伝播法」を備えたシステムだった。

このアプローチは、いくつかの点から以前のやり方とは大きく違っていた。コンピュータのコマンドの連続と比べ、並列分散処理（PDP）が行われるという点で脳にかなり近かったし、統計学習に重点を置いていたため、プログラマーは情報の構造を明示するのではなく、PDPのシステムに試行錯誤を通じて学習させ、人工ニューロン間のつながりの深さを自分で調整させることを目指すようになった。

このPDPのシステムは、自然言語の処理と認識の面で興味深い成功を収めた。AI開発の第一の波で主流だった記号論的な取り組みと違って、今回の研究者グループは、システムの情報の表し方に関して、事前の想定を行わなかった。このシステムは、グーグルのテンサーフローやフェイスブックのトーチの土台になっている。自動運転車や音声認識インターフェースでも重要な役割を担っている。

現代の機械学習システムは、携帯電話やクラウドが生み出す信じられないようなリソースを活用し、ニューウェルやサイモンが夢にも思わなかったほどの計算能力を手に入れている。しかし、自然言語と画像の処理の面では大きな前進を見せている一方で、図19-1で示すように、AIとしては完璧にはほど遠い。

AIのとどまることを知らない知能のパワーについては、息を呑むような予測がいくつも出ている。しかし、こうしたシステムが進化しているのは確かだが、その性能はトレーニングに使えるデータに大きく依存しており、まだ限界がある。

図19-1 ／ 機械学習アルゴリズムが付けた間違ったキャプション

音声入力デバイスの問題点

みなさんも自分で経験したことがあるかもしれないが、音声認識のシステムは信じられないほど強力な一方で、大きな制約もある。音声入力デバイスは、言葉の認識という点では見事な能力を持っていて、明確な問題に対してはすばらしい対応力を見せている。私たちも、アップルのSiriやグーグルのAssistant、アマゾンのAlexa、マイクロソフトのCortana、Houndといったシステムをテストしたことがある。参加者には、いくつかの単語から答えを連想するクイズ番組の要領で、与えられた単語からシステムが答えられそうな指令や質問を作ってもらった（たとえば「シンシナティ」「明日」「天気」という単語から、「ヘイSiri、シンシナティの明日の天気を教えて」という質問をするというように）。

結果を簡単にまとめると、音声入力デバイスは、天気やある国の首都など、基本的事実に関する質問に答えるのはとても上手だったが、人間が持っているごく自然な二つの能力の模倣という点では大きな問題があった。まず、人間はいくつかの考えを簡単に組み合わせて考えることができ、「人口」「エッフェル塔のある国」と言われれば、フランスを指しているとわかる。ところが「エッフェル塔のある国の人口を教えて」という質問に対して、音声入力システムはパリの人口を言うか、エラーを起こすかのどちらかだった。次に、人間は文脈を察知でき、「シンシナティの天気はどうですか」と訊かれれば、続けて「明日はどう？」という質問が来るのを予測する。しかし音声入力システムは、こうした会話の流れを追うことが基本的にはできなかった。

ユーザーが、仮に機械が質問に答えられなかった場合でも、「どうお答えしたらいいかわかりません」というような人間らしい反応を好むこともわかった。参加者は、自分がシステムに語りかけるのと似たトーンで反応が返ってくると、満足する傾向があった。

とはいえ、Siriは賢くて知的なのだろうか。Siriはリマインダーを設定したり、音楽をかけたりはできるが、車のうまい買い方や、脱出ゲームの攻略方法は教えてくれない。機械学習ベースの回答には限界がある。チューリングテストを突破できるような「知性」は持っていないと言えるだろう。

シックス・マインドとAI

おもしろいことに、AI開発の最初の波で登場したシステムには、類推や論理的思考という、シックス・マインドでいうところの記憶と意思決定、問題解決の部分での強みがあり、最近の音声認識や画像認識のシステムは、視野と関心、言語の部分で大きな成功を収めている。人間が好む人間らしい反応が向上しているのは、感情に関わる部分だろう。

何が言いたいかというと、今のシステムを見る限り、統計のみを基準にした強引なサブシンボリック方式には限界がある。ある種の問題に対して信じられないほど強力な解決能力を見せるのは間違いないが、チップの処理速度が上がり、新しいトレーニング手法が開発されたとしても、1950年代の学者たちが目指したようなAIは実現しないだろう。

では、答えがスピードアップではないなら、なんなのか。機械学習やAI分野の有名な科学者たちは、人間の脳をもう一度見直すべきだと提案している。個々の、あるいは集合としてのニューロンを研究することで、AIシステムがこれだけ多くのものを知覚できるようになったのだとすれば、別の角度からも検討を進めることで、視野と関心、空間認識、言語と意味の対象、記憶、意思決定といった記号的なレベルでの理解も進むはずだ。

つまり、従来の製品やサービスのデザインと同じように、AIシステムの開発者も出力や入力に何を使うかを見直し、ピクセルや音素、音といった知覚要素ではなく、言語や意味論などの記号的要素を使うことを考えてもいいのではないだろうか。

AI研究を踏まえたシックス・マインド

AIや機械学習の研究者は独立した知的なシステムの開発に奮闘しているが、近い将来に成功を収める可能性が高いのは、認知のサポートに使うAIツール、機械学習ツールのほうだろう。ツールはすでに携帯端末に搭載されていて、スマートフォンにはリマインダーや交通標識の認識、ナビなどの機能があるし、摂取カロリーや出費、睡眠時間や運動量などを記録し、目標達成を後押ししてくれるプログラムもある。

それでも、今ある音声認識システムをみてみると、システムの言葉遣いとユーザーの言葉遣いに差があること、そして必要なタイミングでサポートが提供されないことという大きな課題が見つかる。人間の認識力を底上げして、作業のスピードアップや簡略化を実現するAIや機械学習システムを構築する際は、シックス・マインドが優れた枠組みになる。

› 視野／関心

AIツール、特にカメラが搭載されたツールは、ある場面の重要な箇所へ関心を集める便利なツールになる。入力フォームのどの項目が未入力かを知らせるなど、ユーザーが重要な情報に注目する助けになるし、探しているものを事前に把握できれば、ページ上の関連ワードや場面内の該当する箇所をハイライトできるなど、いろいろな可能性が考えられる。ホテルの部屋へ入ったとき、たいていの人は最初に照明のスイッチを探し、室温の調整の仕方や、デバイスを充電するためのコンセントの位置を知りたがる。そうしたものが視界内でハイライトされる専用のめがねがあったら便利なはずだ。

› 空間認識

自動運転車で使われるセンサー「LiDAR」が成功を収めていることを考

えれば、先ほど言っためがねのような顔に装着するタイプのディスプレイは、おりるべき高速の出口や、わかりにくい地下鉄の入り口、あるいはモール内の探している店舗にユーザーが注目する助けにもなるだろう。ゲームのように、自分の目で直接見ている光景に加え、現在位置を示した俯瞰視点の地図も表示できるかもしれない。

› 記憶／言語

私たちのチームは、利用者に合わせたデジタル商品のカスタマイズを模索する大手小売店、金融機関と数多く仕事をしてきた。検索語やクリックストリームを確認し、ユーザーとコミュニケーションを取って調査を行えば、企業が個人に合わせてどうシステムを組み、どんな用語を使っているかはすぐにわかる。わかりやすいのが動画撮影用のカメラで、ユーザーのなかには、ユーチューブ動画を撮ってみようといいカメラを探し始めたばかりの人もいれば、4：2：2のカラーフォーマットを備えた特定のENG（番組収録用）カメラを探している人もいる。どちらも、探していないタイプの商品が検索結果に表示されれば不満に思うし、使うべき用語や示すべき詳細情報もグループによって大きく変わってくる。

› 意思決定

何度も言っているように、問題解決とは、実際には大きな問題をいくつかの要素に分割し、その小さな問題を一つずつ解決していく過程を指す。各ステップで、ユーザーは意思決定をしながら次へ進んで行く。プリンターの購入なら、デザインスタジオがほしがるのは発色のいい大型のプリンターだろうし、法律文書を扱う法律事務所なら、必要なのは複数ユーザーで使用したり、書類を顧客へ自動的に転送したりできる機能だろう。就学児のいる親なら、ほしいのはみんなで使える印刷スピードの速い頑丈なプリンターかもしれない。こうした個々のユーザーのニーズを尋ね、購入へ至るまでに生じる小さな疑問を解消していく（値段はいくらか、トナーは何本必要か、複数サイズで印刷できるか、両面印刷機能は必要か、購入済みのファミリー層の感想はどうか）ことで、AIや機械学習ツールは、ユーザーの目標を推察できるようになるかもしれない。また、問題の空間のなかでのユーザーの位置を特定できるようになれば、その人物がその瞬間にどんな情報を必要としているかがわかるだろう。

› 感情

シックス・マインドがらみでおそらく一番興味深いのが、人間の感情を推察するシステムがどんどんと正確性を増していることだろう。そうしたシステムは、表情を認識し、移動や発言のパターンを検知して、ユーザーの気持ちを理解し、画面に表示される情報の量や、使う言葉を調整する（おそらくユーザーは情報量に圧倒され、答えへ到達するもっとシンプルなルートを求めている人物だろう）。

AIには無限の可能性があり、しかもそれには人間の目標や、目標を達成する手段、現在必要としている情報、想定している言葉遣い、システムの使い方に対する想定、自分が見ている場所に対する認識という、シックス・マインドが深く関わっている。顧客満足度を高められずに困っているなら、ぜひシックス・マインドを基準に問題を捉え直してほしい。すばらしい体験を提供し、これまでを上回る成果が出せるはずだ。『600万ドルの男』で、架空の科学者チームが主人公の身体能力を高めたのと同じように、みなさんのチームが現実世界で、ユーザー全員の認知能力を強化できることを祈っている。

具体的なアドバイス

- 意味論を無視するのではなく、AIへ意図的に意味論のトレーニングを施す方法を提案しよう
- 調査ではあまり登場しなかった、具体的な構文パターンをAIシステムへ意図的に教え込むことを検討しよう
- 注意を向けるべき場所を示したり、一定の使い方を推奨したり、納得をもたらす情報を提示したりして、ユーザーの認知能力を高める方法を考えよう

Appendix

参考文献

Part I

- ダン・アリエリー著、熊谷淳子訳、『予想どおりに不合理：行動経済学が明かす「あなたがそれを選ぶわけ」』、早川書房、2013年
- オリ・ブラフマン、ロム・ブラフマン著、高橋則明訳、『あなたはなぜ値札にダマされるのか？——不合理な意思決定にひそむスウェイの法則』、日本放送出版協会、2008年
- ロバート・B・チャルディーニ著、岩田佳代子訳、『影響力の正体　説得のカラクリを心理学があばく』、SBクリエイティブ、2013年
- Evans, J. S. B. T. (2008). "Dual-Processing Accounts of Reasoning, Judgment, and Social Cognition." *Annual Review of Psychology* 59: 255–278.
- Evans, J. S. B. T., & Stanovich, K. E. (2013). "Dual-Process Theories of Higher Cognition: Advancing the Debate." *Perspectives on Psychological Science* 8(3): 223–241.
- Gallistel, C. R. (1990). *The Organization of Learning*. Cambridge, MA: MIT Press.
- マルコム・グラッドウェル著、沢田博、阿部尚美訳、『第1感：「最初の2秒」の「なんとなく」が正しい』、光文社、2006年
- Intraub, H., & Richardson, M. (1989). "Wide-Angle Memories of Close-Up Scenes." *Journal of Experimental Psychology: Learning, Memory, and Cognition*. 15(2): 179–187 *http://doi.org/10.1037/0278-7393.15.2.179*
- ダニエル・カーネマン著、村井章子訳、『ファスト&スロー　あなたの意思はどのように決まるか？』、早川書房、2014年
- ジョセフ・ルドゥー著、松本元、小幡邦彦、湯浅茂樹、川村光毅、石塚典生訳、『エモーショナル・ブレイン——情動の脳科学』、東京大学出版会、2003年。P204
- Müller, M., & Wehner, R. (1988). "Path Integration in Desert Ants, Cataglyphis Fortis." *Proceedings of the National Academy of Sciences*, 85(14): 5287–5290.
- ダニエル・ピンク著、大前研一訳、『モチベーション3.0　持続する「やる気！」をいかに引き出すか』、講談社、2010年
- Power, M., & Dalgleish, T. (1997). *Cognition and Emotion: From Order to Disorder*. Hove, Englad: Psychology Press.
- Simon, H. A. (1956). "Rational Choice and the Structure of the Environment." *Psychological Review* 63(2): 129–138.
- リチャード・セイラー、キャス・サンスティーン著、遠藤真美訳、『実践　行動経済学　健康、富、幸福への聡明な選択』、日経BP、2009年

- Tversky, A., & Kahneman, D. (1981). "The Framing of Decisions and the Psychology of Choice." *Science* 211(4481): 453–458.
- Tversky, A., & Kahneman, D. (1974). "Judgment Under Uncertainty: Heuristics and Biases." *Science* 185(4157): 1124–1131.
- Wong, K., Wadee, F., Ellenblum, G., & McCloskey, M. (2018). "The Devil's in the g-Tails: Deficient Letter-Shape Knowledge and Awareness Despite Massive Visual Experience." *Journal of Experimental Psychology:Human Perception and Performance*. 44(9): 1324–1335 *http://doi.org/10.1037/xhp0000532*

> Part II

- ヤン・チップチェイスの2007年のTEDトーク、「携帯電話の人類学」。*http://bit.ly/2Uy9J1A*
- Chipchase, J., Lee, P., & Maurer, B. (2011). Mobile Money: Afghanistan. *Innovations: Technology, Governance, Globalization*. 6(2): 13–33.
- IDEO（日本語版HPではデザイン思考研究所）、「人間中心設計のフィールドガイド」（「イノベーションを起こすための3ステップ・ツールキット」に記載）。*https://designthinking.eireneuniversity.org/swfu/d/ideo_toolkit_ja.pdf*

> Part III

- Buxton, B. (2007). *Sketching User Experiences: Getting the Design Right and the Right Design*. San Fransisco: Morgan Kaufmann.

著者紹介

ジョン・ウェイレン

認知科学博士で、人間中心設計の分野で15年以上の経験を持つ。ブリリアント・エクスペリエンス社でサイコロジカル・インサイト&イノベーションチームのリーダーを務め、心理学とデザイン思考、リーン・スタートアップのテクニックを組み合わせた独特のアプローチを使いながら、フォーチュン100企業や非営利団体、スタートアップのクライアントにデザイン・ソリューションを提供している。会議での講演の機会も多く、過去にはワシントンにあるユーザーエクスペリエンス・プロフェッショナル協会の会長も務めた。現場では現在、認知的デザインという、認知心理学を活用した科学的、芸術的手法を用いながら、ユーザーを理解し、デザインに必要な情報を手に入れ、魅力的な製品やサービスを作り出すことを目指している。

Index

索引

く

け

こ

さ

し

み

む

め

も

や

ゆ

よ

ら

り

脳のしくみとユーザー体験
認知科学者が教えるデザインの成功法則

2021年4月15日　初版第1刷発行
2023年2月15日　初版第2刷発行

著者／ジョン・ウェイレン（John Whalen, PhD）
翻訳／高崎拓哉

翻訳協力／株式会社トランネット（https://www.trannet.co.jp）
版権コーディネート／株式会社日本ユニ・エージェンシー
日本語版デザイン／上坊菜々子
日本語版レイアウト／鈴木ゆか
編集／伊藤千紗、村田純一

印刷・製本／日経印刷株式会社

発行人／上原哲郎
発行所／株式会社ビー・エヌ・エヌ
〒150-0022　東京都渋谷区恵比寿南一丁目20番6号
FAX: 03-5725-1511　E-mail: info@bnn.co.jp
URL: www.bnn.co.jp

ISBN978-4-8025-1215-2
Printed in Japan